Markus Brune

Verfahren zur Entschwefelung von flüssigen handelsüblichen Brennstoffen für die Anwendung in Brennstoffzellensystemen durch partielle Verdampfung und anschließende hydrierende Entschwefelung

Verfahren zur Entschwefelung von flüssigen handelsüblichen Brennstoffen für die Anwendung in Brennstoffzellensystemen durch partielle Verdampfung und anschließende hydrierende Entschwefelung

von
Markus Brune

Dissertation, Karlsruher Institut für Technologie
Fakultät für Chemieingenieurwesen und Verfahrenstechnik,
Tag der mündlichen Prüfung: 04.12.2009

Impressum

Karlsruher Institut für Technologie (KIT)
KIT Scientific Publishing
Straße am Forum 2
D-76131 Karlsruhe
www.ksp.kit.edu

KIT – Universität des Landes Baden-Württemberg und nationales
Forschungszentrum in der Helmholtz-Gemeinschaft

KIT Scientific Publishing 2010
Print on Demand

ISBN 978-3-86644-572-7

Verfahren zur Entschwefelung von flüssigen handelsüblichen Brennstoffen für die Anwendung in Brennstoffzellensystemen durch partielle Verdampfung und anschließende hydrierende Entschwefelung

zur Erlangung des akademischen Grades eines

DOKTORS DER INGENIEURWISSENSCHAFTEN (Dr.-Ing.)

der Fakultät für Chemieingenieurwesen und Verfahrenstechnik des Karlsruher Instituts für Technologie (KIT)

genehmigte

DISSERTATION

von

Dipl.-Ing. Markus Brune

aus Ravensburg

Referent:	Prof. Dr.-Ing. Rainer Reimert
Korreferent:	Prof. Dr.-Ing. habil. Holger Martin
Tag der mündlichen Prüfung:	04.12.2009

Für meine Eltern

Vorwort

Die vorliegende Arbeit entstand während meiner Tätigkeit als wissenschaftlicher Angestellter am Lehrstuhl für Chemie und Technik von Gas, Erdöl und Kohle des Engler-Bunte-Instituts der Universität Karlsruhe (TH).

Mein besonderer Dank gilt meinem Doktorvater, Herrn Prof. Dr.-Ing. Rainer Reimert, der mich während meiner Arbeit stets wohlwollend gefördert und durch seine wertvollen Anregungen unterstützt hat. Außerdem möchte ich mich für das mir entgegengebrachte Vertrauen und den nötigen wissenschaftlichen Freiraum bei der Bearbeitung meines Themas bedanken. Prof. Dr.-Ing. habil. Holger Martin danke ich für das Interesse an dieser Arbeit und für die freundliche Übernahme des Korreferats.

Allen meinen ehemaligen Kolleginnen und Kollegen bin ich für ihre Hilfsbereitschaft, für die gute Zusammenarbeit und für das angenehme Arbeitsklima am Institut sehr dankbar. Besonderer Dank gilt Frau Sabina Hug und Herrn Robert Mussgnug, die mir stets mit Rat und Tat bei der Schwefelanalyse zur Seite standen. Frank Herter, Horst Haldenwang, Gustav Kliever, Wilfried Stober und dem leider viel zu früh verstorbenen Klaus Kiefer danke ich für die Mitwirkung und die Unterstützung während des Auf- und Umbaus der Versuchsanlagen.

Außerdem danke ich Alba Mena, Dominik Buchholz, Frank Graf, Marius Hackel, Ulrich Hennings, Martin Rohde, Marc Schier, Alexander Schulz, Dominik Unruh, Vincent van Buren, Markus Wolf und allen anderen Mit-Doktorandinnen und Mit-Doktoranden für die freundschaftliche, konstruktive und immer kooperative Zusammenarbeit.

Einen wichtigen Beitrag zum Gelingen dieser Arbeit trugen auch Aihong Meng, Tatjana Widerschpan, Petr Emelianov, Cherkaoui Hassani, Till Henrich, Sebastian Lang, Eduardo Pinos, Björn Schimmöller, Matias Sims und Hans-Georg Stehle bei, indem sie sich im Rahmen ihrer Studien- oder Diplomarbeiten mit der Thematik dieser Arbeit intensiv auseinandersetzten. Hierfür möchte ich mich recht herzlich bedanken.

Einige von meinen oben genannten Kollegen, Studien- und Diplomarbeitern sind meine Freunde geworden. Außer für die bereits erwähnte konstruktive Zusammenarbeit danke ich ihnen für manch angeregte Diskussion abseits der Brennstoffchemie, für gemütliche Grillabende und für gemeinsame sportliche Aktivitäten auf Skipiste, Basketball- und Fußballfeld.

Von ganzen Herzen möchte ich an dieser Stelle auch meinen Eltern danken, die mich während meiner Ausbildung ständig motiviert und unterstützt haben. Ohne sie wäre diese Arbeit nicht möglich gewesen.

Inhaltsverzeichnis

Zusammenfassung

Der Vorrat an leicht zugänglichen fossilen Energieträgern ist begrenzt, so dass die Verfügbarkeit wirtschaftlich nutzbarer Energierohstoffe in Zukunft sinken wird. Folglich werden aktuell Lösungen gesucht, den Energiebedarf zukünftig über regenerative Energiequellen wie Solarenergie, Wasser- und Windkraft zu decken. Mittelfristig liegt das Hauptaugenmerk in der Energieeinsparung und in einer effektiven Umwandlung der Primärenergie. Einen vielversprechenden Ansatz hierzu bietet die Brennstoffzellentechnologie.

Um Brennstoffzellen mit handelsüblichen flüssigen Brennstoffen betreiben zu können, müssen diese nahezu schwefelfrei sein, damit die Katalysatoren der Brennstoffzelle und die Katalysatoren der Brenngaserzeugung nicht vergiftet werden. Die Entschwefelung von handelsüblichen flüssigen Brennstoffen durch eine partielle Verdampfung mit anschließender hydrierender Entschwefelung erweist sich als ein vielversprechendes Verfahren für dezentral betriebene Brennstoffzellen. Bei diesem neuartigen Verfahren wird nur der Teil des Einsatzstroms, der für die Brennstoffzelle bestimmt ist, verdampft und anschließend in der Gasphase mit rezykliertem Wasserstoff aus der Brenngaserzeugung entschwefelt. Der Rückstand der partiellen Verdampfung kann je nach Anwendung direkt in einen Reformerbrenner einer allothermen Dampfreformierung, in einen Heizungsbrenner oder in einen Motor gespeist oder in einen Tank zurückgeführt werden. Im Rahmen der vorliegenden Arbeit werden außerdem noch weitere mögliche Entschwefelungsverfahren kurz beschrieben und vergleichend gegenübergestellt.

Bei der Verwendung von Brennstoffen mit hohen Schwefelkonzentrationen wie Kerosin, Heizöl und Schiffsdiesel ist das genannte Entschwefelungsverfahren besonders vorteilhaft, da nur ein kleiner Teil der darin enthaltenen Schwefelverbindungen in dem teilverdampften Brennstoff enthalten ist.

Da experimentelle Daten für die Entschwefelung von teilverdampftem Kerosin und Heizöl bei niedrigen Drücken und mit Modellreformat als Hydriermittel nicht bekannt waren, wurden entsprechende Versuche mit Kohlenstoffmonoxid und Wasserdampf als Reformatbegleitgase durchgeführt.

Die Versuchsergebnisse zur hydrierenden Entschwefelung von teilverdampftem Kerosin und Heizöl an einem kommerziellen CoMo-Katalysator belegen die Machbarkeit des Verfahrens. Der Großteil der Schwefelverbindungen wird umgesetzt, und eine ausreichende Produktreinheit für die Anwendung in einem Brennstoffzellensystem ($x_S \leq 10$ ppm) kann erreicht werden.

Durch eine partielle Verdampfung können insbesondere die hochsiedenden und reaktionsträgen Schwefelverbindungen (alkylierte Dibenzothiophene) ausgehalten werden. Dies wirkt sich positiv auf die hydrierende Entschwefelung aus, und Heizölfraktionen von bis zu einem Verdampfungsverhältnis von $X_v \leq 20\ \%$ können bei den gewählten Betriebsbedingungen bis ca. 10 ppm entschwefelt werden. Dabei werden Umsätze des Gesamtschwefels (inkl. Schwefelreduktion durch die Teilverdampfung) von bis zu 99,6 % erreicht.

Durch eine Erhöhung der Verweilzeit, der Temperatur und des H_2/Öl-Verhältnisses steigt der Umsatz der Schwefelverbindungen zu Schwefelwasserstoff. Die Versuchsreihen mit reinem Wasserstoff zeigen, dass mit dem untersuchten Katalysator und dem eingesetzten Heizöl eine Tiefentschwefelung auf $x_S \leq 10$ ppm möglich ist, aber eine komplette Entschwefelung ($x_S \leq 1$ ppm) aufgrund einer Gleichgewichtslimitierung der alkylierten Dibenzothiophene nicht erreicht werden kann.

Die Versuche mit Modellreformat und deren formalkinetische Beschreibung zeigen, dass Begleitgase wie Kohlenstoffmonoxid und Wasserdampf die Entschwefelungsreaktion inhibieren. Insbesondere Kohlenstoffmonoxid hemmt die Entschwefelung. Zusätzlicher Wasserdampf kann dieser Hemmung durch eine In-situ-Wassergas-Shift-Reaktion nur geringfügig entgegenwirken. Die Umsätze liegen bei den Versuchen mit Modellreformat ca. 15 % - 20 % unterhalb denen der Versuchsreihen mit reinem Wasserstoff.

1 Hintergrund der Arbeit

1.1 Ausgangspunkt und Ziel der Untersuchungen

Das Ziel der vorliegenden Arbeit ist, ein geeignetes Verfahren zur dezentralen Entschwefelung von handelsüblichen Brennstoffen für die Brennstoffzellenanwendung zu finden. Basierend auf den Erfahrungen am Engler-Bunte-Institut und der Sichtung der Literatur musste ein neues Verfahren zur dezentralen Entschwefelung für die Brennstoffzellenanwendung erarbeitet und entwickelt werden.

Nach Sichtung und Gegenüberstellung verschiedener Entschwefelungsverfahren wurde das Verfahren mit Teilverdampfung und anschließender hydrierender Entschwefelung ausgewählt. Um das Verfahren zu verifizieren und genauer zu untersuchen, mussten Laborversuche durchgeführt werden, da experimentelle Literaturwerte für den Betriebsparameterbereich (p_{ges} < 5 bar, p_{H2} < 5 bar) einer Brennstoffzelle nur unzureichend vorhanden waren. Des Weiteren steht in einem Brennstoffzellensystem, das mit handelsüblichen Brennstoffen betrieben wird, meist kein reiner Wasserstoff für eine Hydrierung zur Verfügung. Deshalb wurden zusätzlich experimentelle Untersuchungen zur hydrierenden Entschwefelung mit Modellreformat durchgeführt.

1.2 Brennstoffzellen

Der Begriff Brennstoffzelle bezeichnet eine elektrochemische Zelle, in der die Reaktionsenergie der Oxidation eines Brennstoffs direkt in elektrische Energie umgewandelt wird. Die Reaktanden werden hierbei (im Unterschied zu Batterien) kontinuierlich zugeführt. Eine Brennstoffzelle besteht dabei im Wesentlichen aus einer Anode und einer Kathode, zwischen denen sich ein Elektrolyt befindet. Abb. 1.1 zeigt den Aufbau einer Brennstoffzelle am Beispiel einer Polymer-Elektrolyt-Membran-Brennstoffzelle (PEMFC).

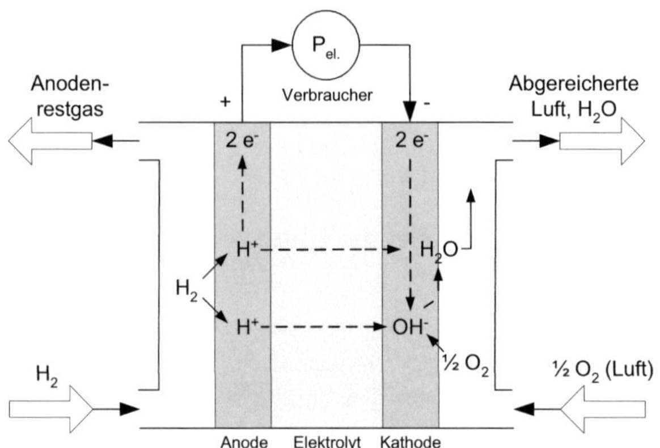

Abb. 1.1: Aufbau einer Polymer-Elektrolyt-Membran-Brennstoffzelle (PEMFC)

Bei einer PEMFC laufen an den Elektroden folgende Reaktionen ab:

Anode: $\qquad H_2 + 2\,H_2O \longrightarrow 2\,OH_3^+ + 2\,e^-$ $\qquad$ (Rgl. 1.1)

Kathode: $\qquad H_2O + \tfrac{1}{2}\,O_2 + 2\,e^- \longrightarrow 2\,OH^-$ $\qquad$ (Rgl. 1.2)

$$2\,OH^- + 2\,OH_3^+ \longrightarrow 4\,H_2O \qquad \text{(Rgl. 1.3)}$$

$$\tfrac{1}{2}\,O_2 + 2\,e^- + 2\,OH_3^+ \longrightarrow 3\,H_2O. \qquad \text{(Rgl. 1.4)}$$

Die Gesamtreaktion innerhalb der Brennstoffzelle lautet somit:

$$\tfrac{1}{2}O_2 + H_2 \longrightarrow H_2O. \qquad \text{(Rgl. 1.5)}$$

Im Jahr 1780 entdeckte Luigi Galvani zufällig, dass sich Tiermuskeln kontrahieren, wenn sie mit unterschiedlichen Metallen in Kontakt kommen [1, 2]. Dies war ein erster Hinweis, dass sich chemische Energie direkt in elektrische Energie umwandeln lässt. Alessandro Volta stellte basierend auf den Beobachtungen von Galvani 1800 die erste funktionierende Batterie (Voltasche Säule) her [2, 3]. Es dauerte noch weitere 40 Jahre bis der Schwabe Christian Friedrich Schoenbein und der Waliser William Grove nahezu zeitgleich das Prinzip der Brennstoffzelle entdeckten. Schoenbein veröffentlichte im Januar des Jahres 1839 im *Philosophical Magazine* die Beschreibung und die Deutung seiner durchgeführten Experimente, Grove folgte im Februar desselben Jahres [4, 5]. Grove tauchte hierbei Platinelektroden mit dem unteren Ende in einen Elektrolyten aus verdünnter Schwefelsäure, während der obere Teil von Wasserstoff bzw. von Sauerstoff umgeben war. Durch die Umkehrung der Elektrolyse von Wasser, gelang es ihm, einen konstanten elektrischen Strom mit Hilfe eines Galvanometers zu messen [5]. Einen ähnlichen Versuchsaufbau verwendete auch Schoenbein, jedoch waren hier die Reaktionsgase nach einer Elektrolyse in dem wässrigen Elektrolyten gelöst.

Die erste praktisch anwendbare Brennstoffzelle stammt von Francis Bacon, der 1954 einen alkalischen Elektrolyten [6] sowie Elektroden auf Basis der Diffusionselektrode [7] aus porösem, gesintertem Nickelpulver verwendet hat. Wasserstoff und Sauerstoff diffundierten dabei von der Rückseite aus durch den Katalysator und traten an dessen Vorderseite in Kontakt mit dem Elektrolyten.

Einen prestigeträchtigen Durchbruch erlangte die Brennstoffzellentechnologie in der Raumfahrt. 1963 setzte die NASA eine PEMFC für die Bordstromerzeugung in den Gemini-Raumschiffen ein. Wasserstoff und Sauerstoff wurden in flüssiger Form an Bord gespeichert. 1968 wurden alkalische Brennstoffzellen (AFC) bei den Apollo-Missionen eingesetzt. Auch heute noch kommen AFCs in Space Shuttles zum Einsatz, sie liefern den Astronauten Wärme, Strom und Trinkwasser [8].

Im Hinblick auf eine effektivere Energieumwandlung von fossilen Brennstoffen wurden im Zuge der Ölkrise 1973 die Anstrengungen bei der Brennstoffzellenforschung auch im zivilen Bereich wieder intensiviert [9]. Mittlerweile gibt es eine ganze Reihe von Erfolg versprechenden Pilotprojekten mit Brennstoffzellen, vor allem bei der stationären Kraft-Wärme-Kopplung und als Hilfsstromaggregat (APU, Auxiliary Power Unit) für die mobile Anwendung an Bord von Flugzeugen, Schiffen und Kraftfahrzeugen.

Langfristig soll die Brennstoffzellentechnik „als Brücke in eine (zukünftige solare) Wasserstoffwirtschaft und als deren zentrales Element" dienen [10]. In naher Zukunft ist eine flächendeckende Versorgung mit solarem Wasserstoff jedoch nicht möglich. Noch wird Wasserstoff hauptsächlich aus fossilen Energieträgern gewonnen. Die in den hierfür angewandten Herstellprozessen für Wasserstoff eingesetzten Katalysatoren und die Katalysatoren innerhalb der Brennstoffzelle tolerieren in der Mehrzahl nur sehr geringe Schwefelkonzentrationen. Somit ist eine Entschwefelung ein unabdingbarer Schritt in Brennstoffzellensystemen basierend auf fossilen Energieträgern.

1.2.1 Brennstoffzellentypen und deren Empfindlichkeit gegenüber Schwefelverbindungen

Die Entwicklungsbemühungen für die mobile Stromerzeugung und für die Hausenergieversorgung zeigen, dass derzeit vor allem die PEMFC und die Festoxid-Brennstoffzelle (SOFC) für eine zeitnahe kommerzielle Nutzung in Betracht kommen. Hauptprobleme sind ihr hoher Preis und die noch unzureichende Betriebsdauer. Im Folgenden sollen die PEMFC und die SOFC kurz charakterisiert werden.

Die PEMFC ist eine Niedertemperatur-Brennstoffzelle. Sie wird bei Temperaturen von ca. 120 °C und einem Druck von maximal 4 bar [11] betrieben. Um die Kohlenstoff-monoxidtoleranz der Elektrodenkatalysatoren zu erhöhen und um ein vereinfachtes Wärmemanagement innerhalb der Brennstoffzelle zu realisieren, wird eine höhere Betriebstemperatur angestrebt. Jedoch ist eine höhere Betriebstemperatur wegen der verwendeten Nafionmembrane nicht möglich. Hierfür notwendige "Hochtemperatur-"Membranen ($T \leq 200°C$) für die PEMFC (z.B. auf Basis von sulfonierten poly-aromatischen Polymeren oder mit Phosphorsäure gedopte Polybenzimidazole) sind ein Gebiet reger Forschungsarbeit [12-14]. Als Reaktanden können an der Kathode Luft und an der Anode anstatt reinem Wasserstoff auch kohlenstoffmonoxidfreies Reformatgas (weitere Gasbestandteile können CO_2, H_2O und CH_4 sein) zugeführt werden. Die Elektroden bestehen meist aus einer porösen Kohlenstoffmatrix, die mit einem Platin- oder einem Platin/Ruthenium-Katalysator beschichtet ist. Bei den niedrigen Betriebstemperaturen sind die Katalysatoren sehr schwefelempfindlich und degradieren ab einem Schwefelanteil von $y_S = 0{,}2$ ppm irreversibel [15]. Eine protonenleitende Polymermembran bildet bei der PEMFC den Elektrolyten. Die PEMFC besitzt ein breites Spektrum an Anwendungsmöglichkeiten im kleinen Leistungsbereich. Vor allem im mobilen Bereich sowie bei der stationären Energie-versorgung ist die Entwicklung bereits weit fortgeschritten.

Die SOFC wird bei Temperaturen zwischen etwa 800 und 1000 °C betrieben und zählt deshalb zu den Hochtemperatur-Brennstoffzellen. SOFCs, die im mittleren Tempera-turbereich ($500 \leq T \leq 800$ °C) betrieben werden, werden als IT-SOFC bezeichnet [16]. Der keramische Feststoffelektrolyt der SOFC besteht überwiegend aus Yttrium-stabili-siertem Zirkonoxid. Aufgrund der hohen Betriebstemperatur ist die SOFC vergleichs-weise unempfindlich gegenüber Schwefel; jedoch zeigten Messungen der Firma Siemens Westinghouse zur Schwefeltoleranz, dass bereits ein Schwefelanteil im Feed von $y_S = 0{,}3$ ppm (Druck $p = 3{,}45$ bar) zu einer deutlichen, reversiblen Abnahme der Zellspannung führt [17]. Die SOFC kann auch mit Reformat betrieben werden und ermöglicht aufgrund ihrer hohen Betriebstemperatur eine interne Reformierung. Dadurch kann eine im Vergleich zur PEMFC aufwendige Reformatgasreinigung entfallen (vgl. Abb. 1.2).

Es ist deshalb zurzeit noch unabdingbar, schwefelfreie oder sehr schwefelarme Brennstoffe in Brennstoffzellen einzusetzen, weshalb die prinzipiell verfügbaren Brennstoffe gewöhnlich entschwefelt werden müssen. Entscheidende Kriterien für die Auswahl eines geeigneten Entschwefelungsverfahrens für die dezentrale Nutzung im kleinen Leistungsbereich, wie er für viele Brennstoffzellenanwendungen typisch ist, sind die Art, der durchschnittliche und der maximale Gehalt der Schwefelverbind-ungen im Brennstoff. Gehalt und Art der Schwefelverbindungen sind abhängig von der Art des Brennstoffs, dessen Provenienz und der vorhergehenden Entschwefelung im Zuge der großtechnischen Konditionierung des Rohbrennstoffs.

Zukünftige Einsatzgebiete der SOFC sind die Kraft-Wärme-Kopplung in der Haus-

energieversorgung, in Blockheizkraftwerken, in Kraftwerken und als Hilfsstrom-
aggregate in der mobilen Anwendung.

1.2.2 Brenngaserzeugung eines Brennstoffzellensystems

Das in dieser Arbeit untersuchte Entschwefelungsverfahren ist Bestandteil der
Brenngaserzeugung für ein Brennstoffzellensystem. Als Wasserstofflieferant für die
PEMFC und für die SOFC wird häufig ein gasförmiger oder ein flüssiger fossiler
Brennstoff, wie z. B. Erdgas, Flüssiggas, Kerosin, Diesel oder Heizöl verwendet, da
hierbei die bereits bestehende Infrastruktur genutzt werden kann. Erdgas besteht
hauptsächlich aus Methan und besitzt damit ein hohes Wasserstoff/Kohlenstoff-
Verhältnis; die CO_2-Emissionen bezogen auf eine bestimmte Menge Wasserstoff sind
bei einer oxidativen Umsetzung gering. Abb. 1.2 zeigt den Weg der Brenngaserzeugung mit unterschiedlichen Verfahrensvarianten in den einzelnen Prozessstufen.

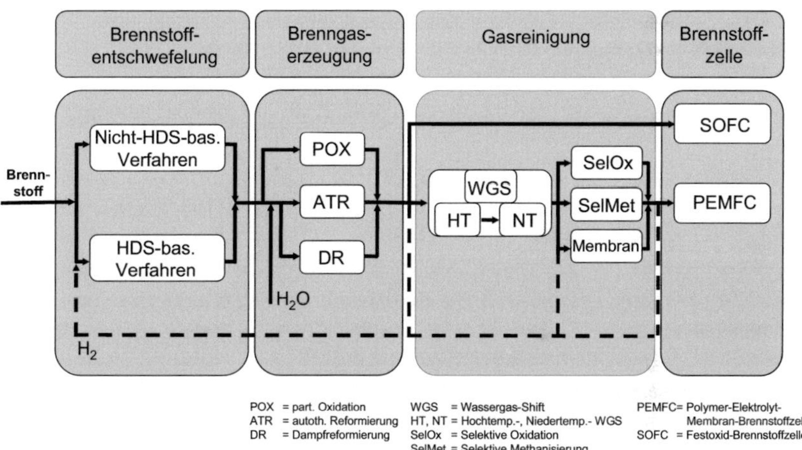

Abb. 1.2: Brenngaserzeugungsvarianten für eine SOFC und eine PEMFC [18]

Zunächst wird der Brennstoff entschwefelt. Ein übliches Verfahren ist die hydrierende
Entschwefelung (Hydrodesulfurization, HDS), bei der die Schwefelkomponenten mit
Wasserstoff zu Schwefelwasserstoff und zu schwefelfreien Kohlenwasserstoffen
reagieren:

$$R-CH_2-SH \;+\; H_2 \longrightarrow R-CH_3 \;+\; H_2S. \qquad (Rgl.\ 1.6)$$

Im Anschluss kann der Schwefelwasserstoff durch Absorption in einem Zinkoxid-Bett
entfernt werden. Der Schwefel wird in Form von festem Zinksulfid gebunden und
dadurch aus dem Gasstrom entfernt:

$$H_2S \ + \ ZnO \ \longrightarrow \ H_2O \ + \ ZnS \quad \Delta_R H^{\circ}_{298K} = -76\,kJ/mol. \qquad \text{(Rgl. 1.7)}$$

Die HDS wird in Kapitel 3 näher erläutert. Außer der HDS sind noch weitere Entschwefelungsverfahren (nicht HDS-basierte Verfahren) denkbar, z. B. eine adsorptive Stofftrennung. Eine detaillierte Beschreibung möglicher Entschwefelungsverfahren und eine vergleichende Gegenüberstellung erfolgt in Kapitel 2.

Der entschwefelte Brennstoff wird anschließend partiell oxidiert oder mit Wasserdampf reformiert. Die allotherme Wasserdampfreformierung erfolgt meist an Nickel-Katalysatoren bei Temperaturen zwischen 750 °C und 900 °C [19], wobei Wasserstoff, Kohlenstoffmonoxid und Kohlenstoffdioxid entstehen. Die Reaktionsgleichungen für die Dampfreformierung lauten:

$$C_nH_m + n\,H_2O \ \rightleftharpoons \ n\,CO + (n + \tfrac{1}{2}\,m)\,H_2; \qquad \text{(Rgl. 1.8)}$$

$$C_nH_m + 2n\,H_2O \ \rightleftharpoons \ n\,CO_2 + (2n + \tfrac{1}{2}\,m)\,H_2. \qquad \text{(Rgl. 1.9)}$$

In der sogenannten Konvertierungs- oder Wassergas-Shift-Reaktion wird die Wasserstoffausbeute durch Umsetzung des in der Reformierungsreaktion gebildeten Kohlenstoffmonoxids mit überschüssigem Wasserdampf erhöht:

$$CO + H_2O \ \rightleftharpoons \ CO_2 + H_2 \qquad \Delta_R H^{\circ}_{298K} = -41\,kJ/mol. \qquad \text{(Rgl. 1.10)}$$

Kohlenstoffmonoxid ist ein Katalysatorgift für die PEMFC, da es an den platinbeschichteten Elektroden adsorbiert und katalytisch aktive Zentren blockiert. Deshalb muss der Kohlenstoffmonoxidanteil y_{CO} auf etwa 10 bis maximal 100 ppm abgesenkt werden [20, 21]. Dies geschieht zumeist durch eine zweite Prozessstufe, die CO-Entfernung. Hierbei wird das Kohlenstoffmonoxid mittels einer selektiven Methanisierung zu — für die PEMFC unschädlichem — Methan umgesetzt. Als Alternative zur selektiven Methanisierung können auch Membranen verwendet werden. Diese sind zwar für Wasserstoff, nicht aber für Kohlenstoffmonoxid durchlässig. Eine weitere Möglichkeit zur CO-Entfernung besteht in der selektiven Oxidation des Kohlenstoffmonoxids mit extra zugeführtem Sauerstoff zu Kohlenstoffdioxid.

1.3 Schwefelverbindungen in handelsüblichen Brennstoffen

Von den natürlich vorkommenden Brennstoffen werden das Erdgas und verschiedene aus dem Rohöl gewonnene Handelsprodukte (Siedefraktionen), darunter vor allem Benzin, Kerosin, Diesel und Heizöl, für den Einsatz in Brennstoffzellen in Betracht gezogen.

Gesetzliche Vorgaben geben meist einen Rahmen für den maximalen Gesamt-schwefelgehalt. Mit den Ausnahmen Erdgas und Flüssiggas sind die Art der verbleibenden Schwefelverbindungen und deren jeweilige Mengenanteile nicht festgelegt, weil dies weitestgehend irrelevant für eine Nutzung in einer direkten, thermisch geführten Verbrennung ist. Bedeutend sind diese Charakteristika aber, um einen Brennstoff auf geeignete Weise zu entschwefeln.

Schwefelverbindungen in Erdöl und in Erdölprodukten

Neben den reinen Kohlenwasserstoffen finden sich in Erdöl chemische Verbindungen der Kohlenwasserstoffe mit den Elementen Schwefel, Stickstoff, Sauerstoff, Vanadium und Nickel, die allerdings in den meisten Fällen nur in geringen Anteilen vorliegen. Schwefel ist massenbezogen das häufigste Hetero-Element in Erdöl und liegt, bis auf Schwefelwasserstoff, der schon in der großtechnischen Aufbereitungsstufe entfernt wird, und Spuren an elementarem Schwefel ausschließlich an Kohlenwasserstoffe gebunden vor. Der Schwefelanteil x_S in Erdölen kann zwischen ca. 0,05 und ca. 14 % variieren. Der Großteil der gehandelten Erdöle enthält weniger als 4 % Schwefel [22]. Die Erdöle werden in schwefelarme ($x_S < 1$ %) und in schwefelreiche Erdöle ($x_S > 1,5$ %) unterteilt. Dazwischen liegen die Erdöle mit mittlerem Schwefelanteil ($1 < x_S < 1,5$ %) [23]. Zurzeit werden in deutschen Raffinerien hauptsächlich Erdöle mit geringen bis mittleren Schwefelanteilen verarbeitet [24]. Der Mineralölverbrauch in Deutschland betrug 119 Mt im Jahr 2004 [25]. Damit kann der Schwefel, der bei der Verarbeitung von Erdöl anfällt, einen Großteil des Bedarfs in Deutschland (ca. 0,7 Mt/a [26]) decken.

Die organischen Schwefelverbindungen treten in allen Siedefraktionen des Erdöls auf, doch der Großteil der in Erdöl vorkommenden Schwefelverbindungen hat eine hohe Siedetemperatur [27]. Deshalb steigt mit der Siedelage der Erdölfraktionen im Allgemeinen auch der Schwefelanteil stark an.

Art der Schwefelverbindungen

Die in Erdöl vorkommenden aliphatischen und zyklischen Schwefelverbindungen verteilen sich auf die Stoffklassen der Mercaptane, der Sulfide, der Disulfide und der Thiophene (siehe Abb. 1.3). Aufgrund der Komplexität des Erdöls und der großen Anzahl an Schwefelverbindungen ist eine quantitative Bestimmung aller einzelnen Schwefelverbindungen schwierig und damit praktisch nicht möglich. Mit gaschromato-graphischen Methoden ist der Nachweis einzelner, vorher definierter Verbindungen bis in den Spurenbereich möglich. So konnten beispielsweise in einer Benzinfraktion eines lybischen Erdöls (Siedebereich bis 200 °C) ca. 70 verschiedene Schwefelver-bindungen nachgewiesen werden [28].

Mercaptan (Thiol)	R-S-H
Sulfid (Thioether)	R-S-R'
Disulfid	R-S-S-R'
Thiophen	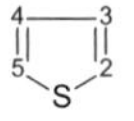
Benzothiophen	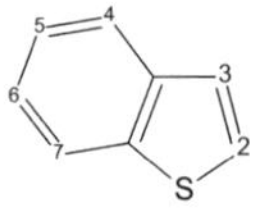
Dibenzothiophen	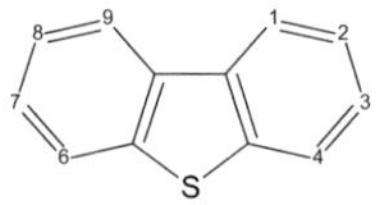

Abb. 1.3: Grundkörper organischer Schwefelverbindungen in Erdöl (R und R' stehen für Kohlenwasserstoffketten (Alkane) oder -ringe (Naphtene))

Die Vielzahl an auftretenden Schwefelverbindungen erklärt sich daraus, dass die Anzahl der möglichen organischen Schwefelverbindungen mit der Anzahl der C-Atome N_C im jeweiligen Molekül stark zunimmt. Bei einer Summenformel mit beispielsweise fünf C-Atomen liegen bereits 14 isomere gesättigte aliphatische (alkanische) Schwefelverbindungen vor und nur drei reine isomere gesättigte aliphatische Kohlenwasserstoffverbindungen.

Schwefel in der Benzinfraktion

In der Rohbenzinfraktion der atmosphärischen Destillation ($4 \leq N_C \leq 10$) sind nur geringe Anteile an Schwefelverbindungen enthalten. Hinzu kommen Schwefelverbindungen aus Benzin, das durch Konvertieren höherer Fraktionen mit höherem Schwefelanteil gewonnen wird. Durchschnittlich stammen 85 bis 95 % der Schwefelverbindungen im Benzin aus FCC-Benzin (Fluid Catalytic Cracking), das bis zu 40 % des verkauften Benzins ausmacht [29-31]. Den Einsatzstoff der FCC-Anlage bilden Rückstände aus der Vakuum- und aus der atmosphärischen Destillation. Die im FCC-Benzin vorherrschenden Schwefelverbindungen Mercaptane, Sulfide, Thiophen, alkylierte Thiophene, Thiophenole und Benzothiophene [32-34] bilden sich während des Crack-Vorgangs. Zwei mögliche Wege zur Bildung dieser Schwefelverbindungen werden unterschieden. Zum einen werden große schwefelhaltige Moleküle zu kleineren Molekülen gecrackt. Des Weiteren entstehen neue Schwefelverbindungen aus ungesättigten Kohlenwasserstoffen und Schwefelwasserstoff. Der für die Reaktion notwendige Schwefelwasserstoff entsteht bei der Zersetzung von organischen Schwefelverbindungen. Zwischen 35 - 40 % der im FCC-Einsatz vorhandenen Schwefelverbindungen werden während des FCC-Vorgangs in Schwefelwasserstoff und einen Kohlenwasserstoffrest umgewandelt [33]. In Abb. 1.4 macht die doppelte Kennzeichnung der in der obersten Reihe stehenden Stoffe als Ausgangsstoff und als Produkt deutlich, dass auch Umlagerungen und Rekombinationen auftreten können.

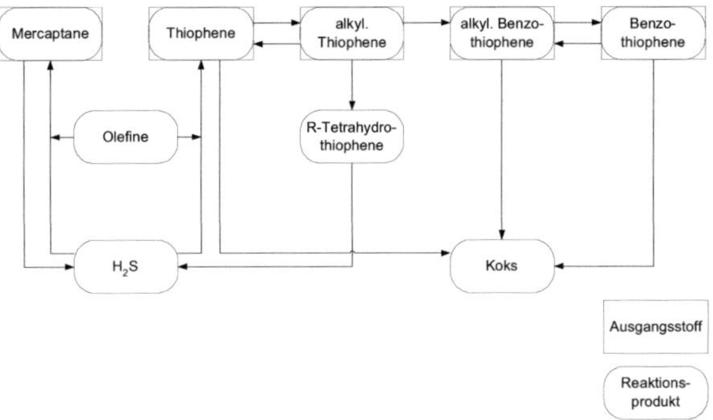

Abb. 1.4: Reaktionsschema zur Bildung organischer Schwefelverbindungen bei den Bedingungen des FCC-Verfahrens (nach [351])

Schwefel in der Kerosinfraktion

Das Hauptprodukt, das aus der Kerosinfraktion des Rohöls ($8 \leq N_C \leq 17$) gewonnen wird, sind Flugtreibstoffe wie Kerosin Jet A-1, das am meisten verwendet wird. Jet A ist ein weiteres Handelsprodukt für die zivile Luftfahrt, während Avtur, JP8 und JP5 Militärspezifikationen unterliegen. Die Unterschiede zwischen den einzelnen Produkten sind im Hinblick auf die hier diskutierte Tiefentschwefelung nicht relevant. Wie bei der Benzinherstellung, werden auch dem durch atmosphärische Destillation gewonnenen Kerosin („Straight-Run") Crack-Produkte aus höher siedenden Rohölkomponenten zugegeben. Damit setzen sich die Schwefelverbindungen aus den ursprünglichen Schwefelverbindungen, der entsprechenden Siedefraktion des Rohöls und den in dem Crackprozess gebildeten Schwefelverbindungen zusammen. Zusätzlich zu den im Benzin enthaltenen Schwefelverbindungen können, aufgrund des höheren Siedebereichs des Kerosins (siehe Abb. 1.5), geringe Mengen an Dibenzothiophenen vorkommen. Wegen der hohen Grenzwerte für den Schwefelanteil im Jet A-1 von x_S = 3000 ppm (ASTM D1655) kann häufig auf eine Entschwefelung in der Raffinerie verzichtet werden.

Tatsächlich liegt der Schwefelanteil im Kerosin meist erheblich unter dem geforderten Grenzwert und kann typischerweise mit x_S = 500 ppm angegeben werden [36]. Ein geringer Teil der Kerosinfraktion wird auch dem Dieselkraftstoff und dem Heizöl zugegeben.

Schwefel in der Gasölfraktion

Die Gasölfraktion der atmosphärischen Destillation ($10 \leq N_C \leq 22$) wird zum Großteil zur Herstellung von Dieselkraftstoff und von Heizöl EL verwendet. Um einzelne Produkteigenschaften einstellen zu können, werden diesen Produkten Bestandteile der Kerosinfraktion beigemischt. Des Weiteren können auch Hydrocrackprodukte und geringe Mengen an Produkten aus dem katalytischen Cracken beigemengt werden.

Der Schwefelanteil der Gasölfraktion liegt bei etwa dem 0,3- bis 0,7-fachen des eingesetzten Schwefelanteils des Rohöls [37]. Im Allgemeinen steigt auch innerhalb der Gasölfraktion der Schwefelanteil mit steigender Temperatur an, und die Schwefelverbindungen mit höherer Siedetemperatur sind überwiegend Benzo- und Dibenzothiophene [38, 39]. Dieses Verhalten zeigten auch fünf Gasöle unterschiedlicher Provenienz mit Schwefelanteilen zwischen $0,25 < x_S < 2,1$ %, deren Entschwefelungsverhalten am Engler-Bunte-Institut untersucht wurde [40].

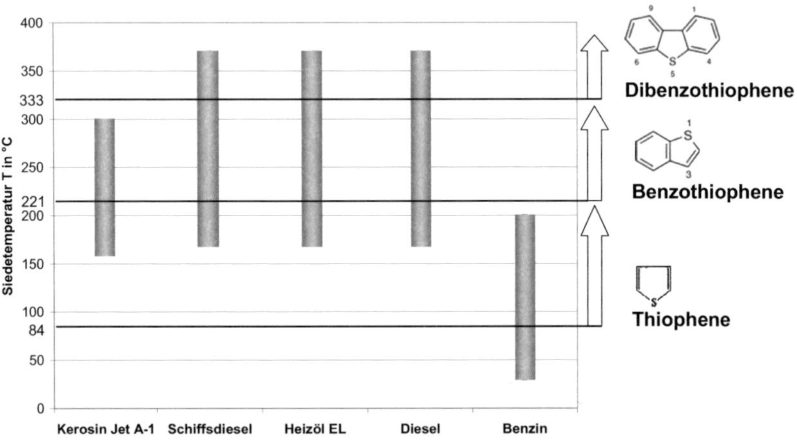

Abb. 1.5: Lage der Siedebereiche schwierig umzusetzender Schwefelverbindungen bezüglich der Siedebereiche von handelsüblichen Brennstoffen

Mit den steigenden Reinheitsanforderungen zur Verminderung der Schadstoffemissionen sinken die zulässigen Grenzwerte für Brennstoffe in den kommenden Jahren (siehe Abb. 1.6). Allerdings sind bei Kraftstoffen, die hauptsächlich im internationalen Verkehr verwendet werden, wie Kerosin Jet A-1, im Vergleich zu Diesel- und Ottokraftstoff keine weiteren Grenzwertverschärfungen erkennbar. Im Laufe der letzten Jahre sank der Grenzwert für den maximalen Schwefelanteil von Diesel- und Ottokraftstoff beträchtlich. So wurde der seit Oktober 1994 in der Europäischen Union einheitlich geltende Grenzwert sukzessive von x_S = 2000 ppm auf x_S = 50 ppm im Jahr 2005 reduziert. Im Jahr 2009 ist ein Grenzwert von x_S = 10 ppm eingeführt worden. Dieser sogenannte „schwefelfreie" Diesel- und Ottokraftstoff ist in Deutschland bereits seit Januar 2003 an den Tankstellen erhältlich.

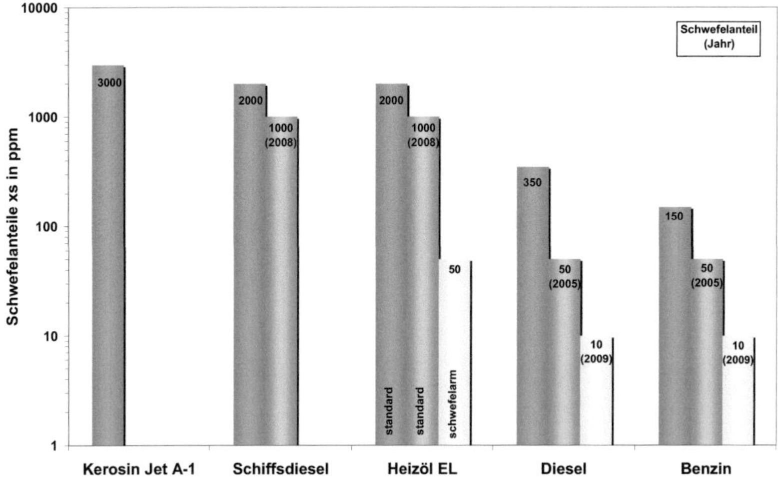

Abb. 1.6: Grenzwerte des Schwefelgehalts von Brenn- und Kraftstoffen nach ASTM D1655 und 3. BImSchV vom 24. Juni 2002

Zur Einhaltung der geforderten Schwefelgrenzwerte müssen die entsprechenden Produkte in der Raffinerie entschwefelt werden. Üblicherweise erfolgt die Entschwefelung von Gasölen nach dem Verfahren der hydrierenden Entschwefelung (HDS) in dreiphasigen Rieselbettreaktoren, in denen das zu entschwefelnde flüssige Öl mit Wasserstoff an einem festen Katalysator in Kontakt gebracht wird. Daneben findet vereinzelt noch das MerOx-Verfahren Verwendung (z. B. in den USA). Hierbei werden die Mercaptane mit Natronlauge ausgewaschen und mit Luft zu Disulfiden oxidiert [41, 42]. Mit diesem auch „Sweetening" genannten Verfahren werden keine Thiophene umgesetzt, diese verbleiben vollständig im flüssigen Produkt.

Die Art der Schwefelverbindungen und deren Gehalt in handelsüblichen Brennstoffen sind abhängig von der Provenienz des Erdöls, von dem eingesetzten Entschwefelungsverfahren, von dem Entschwefelungsgrad und von dem Siedebereich des Produkts. Nichtsdestoweniger verbleibt der Großteil des Restschwefels in den handelsüblichen Brennstoffen immer in Form von reaktionsträgen, schwierig zu entschwefelnden Schwefelverbindungen, die für die Brennstoffzellenanwendung dezentral aus dem Brennstoff entfernt werden müssen.

Von der Deutschen Wissenschaftlichen Gesellschaft für Erdöl, Erdgas und Kohle e.V. (DGMK) publizierte Analysedaten von Ottokraftstoff-, Dieselkraftstoff- und Heizölproben aus deutschen Raffinerien sind in Tab. 1.1 zusammengefasst und mit den jeweiligen arithmetischen Mittelwerten (MW) dargestellt. Die Mittelwerte basieren auf jeweils 14 bis 16 Proben aus unterschiedlichen Raffinerien. Hinzugefügt wurden typische Werte der Kerosinzusammensetzung. Die Übersicht zeigt, dass die Schwefelwerte stark schwanken und die Grenzwerte teilweise ausgeschöpft werden. Schwefelselektive Chromatogramme der Diesel- und der Heizölproben zeigen [43-45] (siehe auch Abb. 5.12 und Abb. 5.16), wie der Schwefelanteil stark mit der Siedetemperatur ansteigt. Anhand der schwefelselektiven Chromatogramme und der simulierten Destillation nach DIN 51435 [45] wurde abgeschätzt, wie sich der Schwefel bei einer Destillation auf die Destillat- und die Rückstandsfraktion verteilen würde (siehe Abb. 1.7). Die Analyse der 14 Heizöle zeigt, dass der Schwefelanteil im Heizöl durch eine partielle Verdampfung stark reduziert werden kann.

Tab. 1.1:   *Aromaten-, Schwefel- und Stickstoffanteile in Brenn- und Kraftstoffen*

	Ottokraftstoff Winterware von 2001/2002 [46]			Kerosin Jet A-1 [36]	Dieselkraftstoff Sommerware von 2003 „schwefelfrei" [43]	Dieselkraftstoff Sommerware von 2000 [44]	Heizöl EL von 2004 [45]
	Normal	Super	Super Plus				
Mono-aromaten-anteil x in %	28,7 – 48,1 (MW: 37,1)	35,8 – 50,0 (MW: 43,4)	32,38 – 50,0 (MW: 44,3)	14 – 20 (MW: 18)	15,1 – 26,1 (MW: 19,8)	21,3 – 26,7 (MW: 23,1)	19,4 – 31,3 (MW: 23,8)
Diaromaten-anteil x in %	k.A.	k.A.	k.A.	0,5 – 3 (MW: 1,5)	0,8 – 5,2 (MW: 2,5)	0,7 – 6,4 (MW: 3,8)	2,8 – 7,4 (MW: 4,9)
Triaromaten-anteil x	PAH: 20 – 116 ppm (MW: 59 ppm)	PAH: 40 – 153 ppm (MW: 94 ppm)	PAH: 51 – 183 ppm (MW: 99 ppm)	k.A.	0,1 – 1,0 % (MW: 0,4 %)	< 0,1 – 1,2 % (MW: 0,5 %)	0,6 – 3,3 % (MW: 1,5 %)
Schwefel-anteil x	1,8 – 42,7 ppm (MW: 23,5 ppm)	2,1 – 37,2 ppm (MW: 22,8 ppm)	2,1 – 16,4 ppm (MW: 7,1 ppm)	500 ppm	2,8 – 9,7 ppm (MW: 6,4 ppm)	121 – 342 ppm (MW: 273 ppm)	0,06 – 0,20 % (MW: 0,13 %)
Stickstoffanteil x in ppm	< 1 - 21	< 1 - 19	< 1 - 12	k.A.	0,4 – 37,5 (MW: 16,9)	16 – 149 (MW: 84)	13 – 341 (MW: 341)
Nickelanteil x in ppb	0,2 – 0,8 (MW: 0,53)	< 0,2 – 0,5 (MW: 0,27)	< 0,2 – 0,8 (MW: 0,33)	k.A.	k.A.	< 2	< 2
Vanadium-anteil x in ppb	< 0,2	< 0,2	< 0,2	k.A.	k.A.	k.A.	k.A.

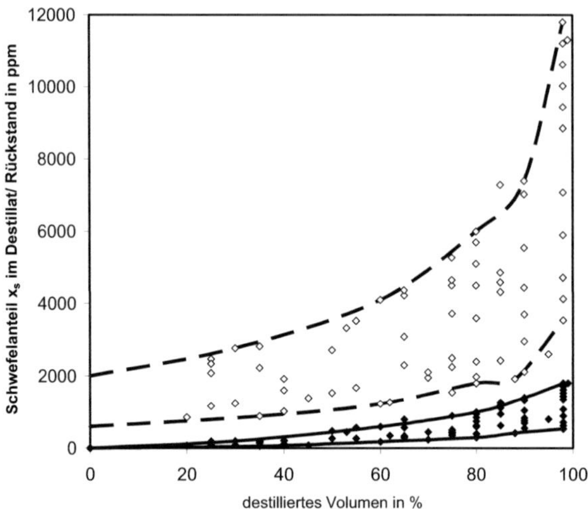

Abb. 1.7: Verteilung des Schwefels auf Destillat (durchgezogene Linie, ♦) und auf Rückstand (gestrichelte Linie, ◊) bei fortschreitender Destillation. Basis: Analysen der DGMK [45] von 14 unterschiedlichen Heizölen mit einem Schwefelanteil von 600 < x_S < 2000 ppm. Heizöl mit $x_{S,0}$ = 600 ppm untere Linien, Heizöl mit $x_{S,0}$ = 2000 ppm obere Linien. Schwefelanteile der weiteren Heizöle liegen dazwischen (Symbole).

Für die Tiefentschwefelung sind schärfere Prozessbedingungen notwendig. Diese beeinflussen den Aromatenanteil des Kraftstoffes nur geringfügig (vgl. die beiden Spalten für Dieselkraftstoffe der Jahre 2000 und 2003 in Tab. 1.1). Triaromaten sind sowohl in Dieselkraftstoffproben mit einem durchschnittlichen Schwefelanteil von ca. x_S ≈ 270 ppm enthalten, aber auch in einem „schwefelfreien" Kraftstoff mit einem Schwefelanteil von x_S < 10 ppm. Jedoch reduziert die Tiefentschwefelung die organischen Stickstoffverbindungen drastisch. Laborversuche zur hydrierenden Entschweflung von Dieselöl in einem Rieselfilmreaktor am Engler-Bunte-Institut zeigten die gleichen Tendenzen bei der Aromatenhydrierung und bei der Entstickung [186]. Bei hohen Temperaturen (T ≥ 380 °C) werden Aromaten nur geringfügig und Stickstoffverbindungen zum Großteil umgesetzt.

Fazit

Damit die in einem Brennstoffzellensystem eingesetzten Katalysatoren nicht vergiftet werden, müssen handelsübliche Brennstoffe in einem ersten Verfahrensschritt auf wenige ppm entschwefelt werden. Die Auswahl und gegebenenfalls die Entwicklung eines geeigneten, an das Brennstoffzellensystem und den Einsatzstoff angepassten

Entschwefelungsverfahrens setzt eine gute Kenntnis über die Art, über den durchschnittlichen und über den maximalen Anteil der Schwefelverbindungen voraus.

Die Schwefelverbindungen in den handelsüblichen Brennstoffen gehören ausnahmslos zu den Gruppen der Mercaptane, der Sulfide, der Disulfide und der Thiophene.

Die zusammengefassten Werte in Tab. 1.2 zeigen, dass im Allgemeinen der Siedebereich und damit die Art der Schwefelverbindung mit dem Siedebereich der Kohlenwasserstoffe im Brennstoff korreliert. Bei den flüssigen Brennstoffen nimmt der Schwefelanteil mit der Siedetemperatur zu. Des Weiteren sind abhängig von dem in der Raffinerie angewendeten Entschwefelungsverfahren unterschiedliche Verbindungen im entschwefelten Produkt vorherrschend. Bei einer Entschwefelung mittels HDS, insbesondere bei den tiefentschwefelten Kraftstoffen (Otto- und Dieselkraftstoff), liegen die Verbindungen hauptsächlich als reaktionsträge alkylierte Benzo- und Dibenzothiophene vor. Um den Wasserstoffverbrauch und die damit verbundenen Kosten seitens der Raffinerie zu minimieren, werden die Grenzwerte für den Schwefelgehalt in den einzelnen Brennstoffen nahezu ausgeschöpft.

Tab. 1.2: Schwefelgrenzwerte und Erwartungswerte von flüssigen und gasförmigen Brennstoffen

Brenn- und Kraftstoffe	Otto-kraftstoff	Jet A-1	Diesel-kraftstoff	Schiffs-diesel	Heizöl EL
Hauptanteil der Schwefelverbin-dungen					
Mercaptane					
Sulfide					
Disulfide					
Thiophene					
Benzothiophene					
Dibenzo-thiophene					
Grenzwerte Gesamt-schwefel $x_{S,max}$ in ppm	10	3000	10	2000	2000
Erwartungswert x_S in ppm	6	500 [36]	6 [43]	1500	1300 [45]
Heizwert in MJ/kg	43,5	42,8	38,0	38,7	42,6
Erwartungswert Schwefelmasse bezogen auf die Heizenergie in mg/MJ	0,1	11,7	0,2	38,8	30,5

2 Verfahrenswahl

Ein Ziel der vorliegenden Arbeit ist, ein geeignetes Verfahren zur dezentralen Entschwefelung von handelsüblichen Brennstoffen für die Brennstoffzellenanwendung zu finden. Zur großtechnischen Entschwefelung von handelsüblichen flüssigen Brennstoffen werden unterschiedliche Verfahren eingesetzt. Darüber hinaus wird eine Vielzahl an Entschwefelungsverfahren im Labormaßstab erprobt oder befindet sich an der Schwelle zur industriellen Anwendung. In der nachfolgenden Beschreibung werden die unterschiedlichen Entschwefelungsverfahren jeweils in einzelne Prozessstufen untergliedert. Der Schwerpunkt liegt hierbei nicht auf einer Beschreibung aller jemals entwickelten Entschwefelungsverfahren, sondern auf der Zusammenstellung der aktuell technisch angewandten Verfahren und der Verfahren, die ein gewisses Anwendungspotential aufweisen. Die beschriebenen Verfahren sind häufig für die großtechnische Nutzung entwickelt worden — eine Adaption für eine dezentrale Nutzung ist nicht immer sinnvoll.

Folgende Anforderungen muss eine Tiefentschwefelung für dezentrale Brennstoffzellensysteme erfüllen:

- der Schwefelanteil im Produktstrom darf wenige ppm ($x_S < 10$ ppm) nicht überschreiten,

- jegliche Arten der vorkommenden Schwefelverbindungen müssen prinzipiell entfernt werden können,

- geringer apparativer Aufwand,

- geringe Baugröße,

- wartungsarmer Betrieb,

- lange Standzeiten.

Zusätzlich müssen bei einer Verfahrensauswahl folgende Einflussgrößen berücksichtigt werden:

- die anfallende Schwefelmenge

  (ergibt sich aus der Schwefelkonzentrationsdifferenz zwischen Ein- und Austritt der Entschwefelungseinheit, aus dem Massenstrom und aus der Standzeit bzw. dem Wartungsintervall),

- Rahmenbedingungen, die durch das Brennstoffzellensystem und die Art der Gasaufbereitung vorgegeben sind (Art der nachfolgenden Reformierung, Art der Brennstoffzelle, Betriebstemperatur des Reformers und der Brennstoffzelle, Systemdruck),

- geringe Bevorratung zusätzlicher Einsatzstoffe.

Außerdem müssen bei einer mobilen Anwendung Neigung und Beschleunigungskräfte, die auf Maschinen und Apparate wirken, mit berücksichtigt werden.

In den handelsüblichen flüssigen Brennstoffen kommen viele unterschiedliche organische Schwefelverbindungen (vgl. Kapitel 1.3) vor, die sich in ihren physikalischen und chemischen Eigenschaften unterscheiden. Der Gesamtschwefelanteil in flüssigen Brennstoffen kann bis zu $x_S \leq 3000$ ppm betragen, der maximale Erwartungswert beträgt jedoch $x_S \approx 1500$ ppm und damit die maximale Schwefelmasse bezogen auf den Heizwert ca. 40 mg/MJ (siehe Tab. 1.2). Der minimal geforderte Schwefelanteil am Austritt der Entschwefelungseinheit bzw. am Eintritt der Reformierung beträgt $x_{S,min} \leq 10$ ppm [47]. Die anfallende Schwefelmenge hängt von der Leistung des Brennstoffzellensystems und den Wartungsintervallen ab. Beispielsweise ergibt sich für ein mit Heizöl EL betriebenes Brennstoffzellensystem ($P_{el} = 5$ kW) zur Strom- und Wärmeerzeugung für ein Einfamilienhaus eine Schwefelmasse von $m_{S,ges} \approx 13$ kg [1].

Für die vorgesehenen Anwendungen liegt der Brennstoff in einem Tank bei Umgebungsdruck und Umgebungstemperatur vor. Der flüssige Brennstoff wird über eine Pumpe gefördert und auf Systemdruck gebracht. Die anschließende Reformierung erfolgt bei Temperaturen zwischen 650 °C und 800 °C. Diese Vorgaben schränken die Verfahrensauswahl nur geringfügig ein. Jedoch sollte der Druck in der Entschwefelungseinheit oberhalb des Systemdrucks liegen, um eine weitere Pumpe oder einen Kompressor (bei einer Entschwefelung in der Gasphase) zu vermeiden. Außerdem ist eine Entschwefelung auf einem niedrigen Temperaturniveau, idealerweise bei Umgebungstemperatur, zur Einsparung eines Wärmeübertragers und somit zur Vereinfachung des Systemaufwands vorteilhaft.

Auf Basis einer Literaturrecherche wurden mögliche Verfahren zusammengetragen, sortiert (siehe Abb. 2.1) und vergleichend gegenübergestellt.

---

[1] Der Abschätzung zugrunde liegende Daten befinden sich in Anhang C.

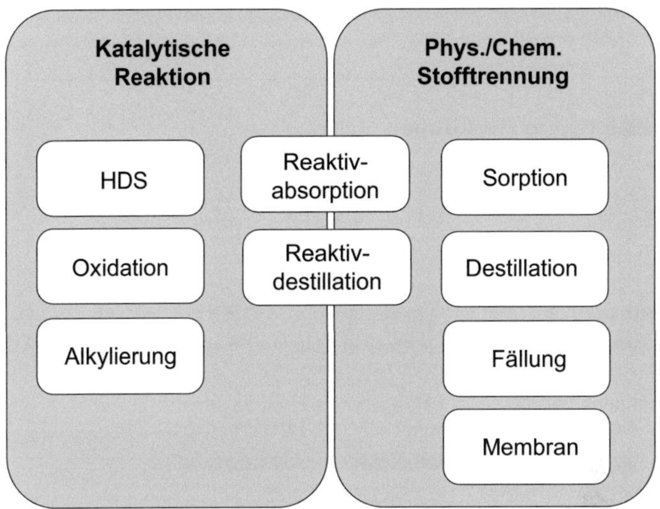

Abb. 2.1: Mögliche Verfahrensschritte und die zugrunde liegenden Mechanismen zur Entschwefelung von flüssigen Brennstoffen

Zur Gruppe der Verfahren mit katalytischer Reaktion zählen alle Verfahren, bei denen die organischen Schwefelverbindungen an einem Kontakt zu einer neuen Schwefelverbindung chemisch umgesetzt werden. Hierzu zählen die HDS, die Oxidation und die Alkylierung von Schwefelverbindungen. Bei diesen Verfahren verbleibt der Schwefel jedoch noch im Produktstrom und muss in einem zweiten Verfahrensschritt abgetrennt werden.

In die Gruppe der physikalischen und chemischen Stofftrennung fallen alle Verfahren, bei denen Schwefelverbindungen unter Ausnutzung ihrer physikalischen oder chemischen Eigenschaften aus dem Einsatzstrom entfernt werden. Die hier betrachteten Verfahren beinhalten die Sorption, die Fällung, die Extraktion, die Destillation und die Stofftrennung mittels Membran. Hierbei werden entweder die Schwefelverbindungen direkt oder das Produkt einer vorhergehenden katalytischen Reaktion aus dem Brennstoff entfernt. Da es sich bei den Produkten einer katalytischen Reaktion zum Großteil nur um eine (z. B. H_2S) oder wenige unterschiedliche Verbindungen handelt, die sich im Vergleich zu der Ölmatrix in den physikalischen und in den chemischen Eigenschaften stark unterscheiden, vereinfacht sich die Stofftrennung aus einem Produktstrom erheblich.

Bei einer HDS werden die Schwefelverbindungen zu Schwefelwasserstoff und einem Kohlenwasserstoffrest an einem Kontakt chemisch umgesetzt, anschließend wird der Schwefelwasserstoff beispielsweise in einer Wäsche absorbiert und somit aus dem Produktstrom entfernt.

Hybride Verfahren, wie die Reaktivadsorption und die Reaktivdestillation, basieren auf einer gleichzeitig ablaufenden katalytischen Reaktion und einer Stofftrennung.

2.1 Katalytische Reaktionen

2.1.1 Hydrierende Entschwefelung (HDS)

Das mit Abstand am weitesten verbreitete Verfahren zur Tiefentschwefelung von flüssigen Brennstoffen ist die hydrierende Entschwefelung (HDS). Das Verfahren der HDS ist Bestandteil des Hydrotreatings in einer Raffinerie, vgl. Abb. 2.2. Im Jahr 2001 wurden weltweit Hydrotreatingkatalysatoren im Wert von ca. 790 Mio. € umgesetzt; dies entspricht in etwa einem Drittel des Umsatzes an Raffineriekatalysatoren und in etwa 8 % des gesamten weltweiten Katalysatorumsatzes [48].

Bei der HDS werden die Schwefelverbindungen mit Wasserstoff an einem Katalysator zu Schwefelwasserstoff und einem Kohlenwasserstoffrest umgesetzt. Die Entfernung des entstandenen Schwefelwasserstoffs erfolgt großtechnisch mittels Strippen in einer Trennkolonne. In Anlagen mit kleinen Einsatzströmen wird der Schwefelwasserstoff meist über ein absorptives Verfahren an einem Feststoff, wie zum Beispiel die Chemisorption an Zinkoxid, entfernt. Dabei reagiert der Schwefelwasserstoff mit dem Zinkoxid nach Rgl. 1.7 zu festem Zinksulfid und Wasser (siehe Kapitel 2.2).

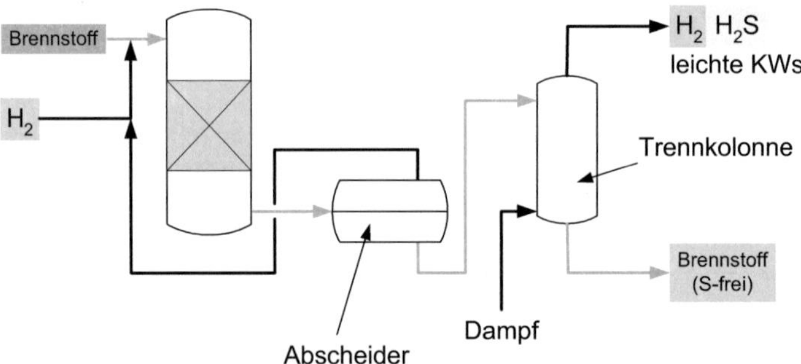

Abb. 2.2: Vereinfachtes Verfahrensfließbild der HDS

Durch den HDS-Reaktor wird im Normalfall der flüssige Einsatzstrom im Gleichstrom mit dem Wasserstoff durch die Katalysatorpackung geleitet. Die Reaktionsbedingungen im Reaktor liegen typischerweise bei Temperaturen von 320 °C bis 360 °C und bei einem Druck von 10 bar bis 90 bar (siehe Tab. 2.1). Die Reaktionsbedingungen

(Druck und Temperatur) in der industriellen hydrierenden Tiefentschwefelung (x_S < 10 ppm) entsprechen denen der konventionellen hydrierenden Entschwefelung.

Die Reaktionen und die Katalysatoren des HDS-Verfahrens werden ausführlich in Kapitel 3 beschrieben.

Tab. 2.1: Typische industrielle Bedingungen des Hydrotreating [166]

Brennstoff	Temperatur in °C	Druck in bar	H_2-Verbrauch (NTP) in m^3/m^3
Naphtha	320	10-20	2-10
Kerosin	330	20-30	5-15
atm. Gasöl	340	25-40	20-40
Vakuumgasöl	360	50-90	50-80

Die HDS hat den Vorteil, dass alle in den Brennstoffen vorkommenden Schwefelverbindungen in leicht zu entfernenden Schwefelwasserstoff umgesetzt werden können. Das „Down-Scaling" eines Rieselfilmreaktors und eine Betriebsweise bei hohem Druck sind für eine dezentrale Anwendung nicht sinnvoll. Eine HDS kann bei einer mobilen Anwendung, wegen auftretender ungleichmäßiger Flüssigkeitsverteilungen aufgrund von Krängungs- oder Beschleunigungskräften, nicht sicher betrieben werden. Somit ist eine einfache Verdampfung vor einer hydrierenden Entschwefelung mit einer nachfolgenden HDS in der Gasphase bei milden Bedingungen vorzuziehen. Ein Nachteil der HDS ist der Bedarf an Wasserstoff, der der HDS über rezykliertes Reformat zugeführt werden muss.

2.1.2 Oxidation der Schwefelverbindungen

Die selektive Oxidation der organischen Schwefelverbindungen in flüssigen Erdölprodukten führt zu polaren schwefelhaltigen Verbindungen, die durch Extraktion (evtl. auch durch Destillation) abgetrennt werden können (siehe Abb. 2.3). Als Oxidationsmittel wird z. B. Wasserstoffperoxid [49, 50] verwendet (vgl. Rgl. 2.1). Das Oxidationsmittel wird nach der Extraktion wieder rückgeführt und dem Eduktstrom beigemengt. Die Oxidation läuft bei milden Bedingungen ab (p ≈ 1 bar, T ≈ 90 °C) [51] und kann durch Ultraschallwellen verstärkt oder durch UV-Strahlen katalysiert werden [29]. Kommerzielle Verfahren wurden von den Firmen UniPure [2], SulphCo [3], und Petro Star [54, 55] entwickelt. Eine ausführliche Zusammenfassung der vorhandenen Literatur zur oxidativen Entschwefelung wurde von Ito und van Veen [56] veröffentlicht.

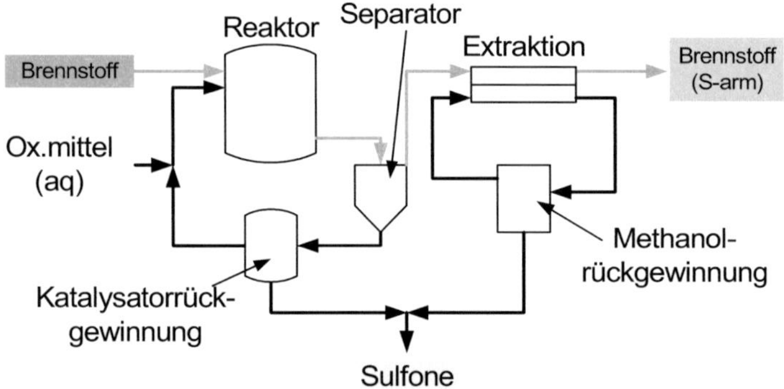

Für den Einsatz von Flüssiggas und von Erdgas entwickelte die Firma Engelhard Corp. ein Verfahren zur selektiven katalytischen Oxidation (SCO) der Schwefelverbindungen [57, 58]. Bei diesem Verfahren werden die Schwefelverbindungen bei 250 °C bis 280 °C mit Luft an einem Katalysator zu Schwefeldioxid umgesetzt und folgend an einem Festbett (Beladungskapazität $X_S \leq 6{,}5\ \%$) sorbiert.

Abb. 2.3: *Vereinfachtes Verfahrensfließbild der oxidativen Entschwefelung am Beispiel des UniPure-Verfahrens [52]*

Bei einer selektiven katalytischen Oxidation ist der Schwefelumsatz ausreichend hoch, in Kombination mit einer extraktiven oder sorptiven Stofftrennung der Sulfone ist der apparative Aufwand sehr groß und die Bevorratung weiterer Reagenzien aufwendig. Zusätzlich müssen die anfallenden Sulfone entsorgt werden. Eine Adaption für eine dezentrale Anwendung mit geringen Stoffströmen ist hierfür nicht sinnvoll.

2.1.3 Alkylierung

Das Alkylierungsverfahren beruht auf einer schwefelselektiven Friedel-Crafts-Alkylierung von aromatischen Schwefelverbindungen (z. B. Thiophen) mit einem Olefin und führt zu einer Siedetemperaturerhöhung der neu gebildeten Schwefelverbindungen. Friedel-Crafts-Katalysatoren sind vor allem Protonensäuren wie Schwefel- oder Phosphorsäure [59] und saure Katalysatoren wie BF_3, $AlCl_3$, $ZnCl_2$ oder $SbCl_5$ [60]. Durch die Siedetemperaturerhöhung der Schwefelverbindungen können diese anschließend destillativ von der leichten Fraktion getrennt werden (vgl. Abb. 2.4). Großtechnisch findet die Alkylierung bei dem OATS-Verfahren (engl.: Olefinic Alkylation of Thiophinic Sulphur) der Firma BP Verwendung. Die erste Anlage wurde 2001 von der Bayernoil Raffinerie in Betrieb genommen [61] und entschwefelt leichte Crack-Benzine ohne bzw. mit einer geringfügigen Abnahme der Oktanzahl. Die schwersiedenden Schwefelkomponenten ($T_S \approx 200\,°C$) verbleiben im Sumpfprodukt der Kolonne und können einer HDS-Anlage z. B. mit dem Gasöl zugeführt werden.

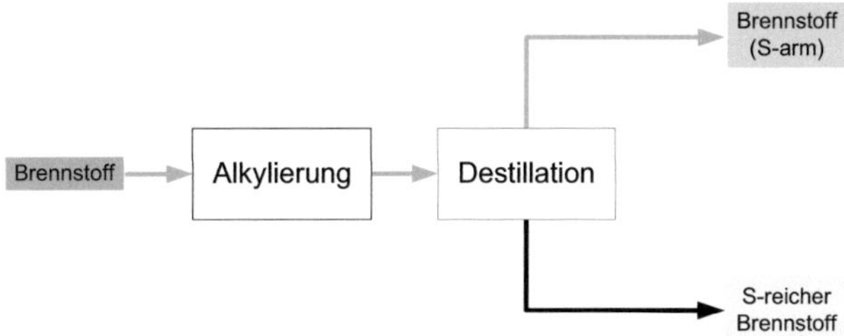

Abb. 2.4: Grundfließbild der selektiven Alkylierung

Bei einer selektiven Alkylierung verbleiben Mercaptane und Sulfide im Produktstrom, und eine Tiefentschwefelung ist nicht gewährleistet. Des Weiteren ist der apparative Aufwand mit einer Destillation und der Bevorratung weiterer Reagenzien sehr aufwendig. Eine Adaption für eine dezentrale Anwendung mit geringen Stoffströmen ist nicht sinnvoll.

2.2 Physikalische und chemische Stofftrennung

Zu den Trennverfahren auf Basis von physikalischen und chemischen Eigenschaften der zu trennenden Stoffe zählen die Adsorption und die Absorption. Bei letzterer wird noch anhand des Aggregatzustands des Absorptivs (flüssig, fest) zwischen der Gaswäsche (Absorption von Gasen in einer Flüssigkeit) und der Extraktion (Absorption / Lösung von Flüssigkeitsbestandteilen in einer weiteren Flüssigkeit) unterschieden. Die aufnehmende Flüssigkeit wird Waschmittel bzw. Extraktionsmittel genannt. Bei einer Reaktion mit dem Sorptiv handelt es sich um eine Chemisorption. Bei der Anlagerung von flüssigen oder gasförmigen Bestandteilen eines Gemischs an der Oberfläche eines porösen Feststoffs spricht man von einer Adsorption.

Gaswäsche

Bei der Gaswäsche werden die unterschiedlichen Löslichkeiten einzelner gasförmiger Verbindungen in einer Flüssigkeit zur Stofftrennung ausgenutzt. Der zu reinigende

Gasstrom wird nach dem Gegenstromprinzip mit einem Lösungsmittel (sog. Wasch-flüssigkeit) berieselt, in dem sich dann die zu entfernenden Gaskomponenten bevorzugt lösen. Um den Prozess kontinuierlich zu betreiben, muss die beladene Waschflüssigkeit in einem weiteren Apparat regeneriert werden (siehe Abb. 2.5).

Zur Abtrennung von Schwefelwasserstoff wird eine Vielzahl unterschiedlicher Waschmittel eingesetzt. Sie basieren auf einer physikalischen (z. B. Wasser und Methanol) oder auch auf einer chemischen Absorption (z. B. Natronlauge und Alkanolamine) [41].

Die wässrigen Lösungen der Alkanolamine (Monoethanolamin (MEA), Diethanolamin (DEA), Diglycolamin (DGA) und Methyldiethanolamin (MDEA)) sind gute Lösemittel für Schwefelwasserstoff. Kohlenstoffoxidsulfid (COS) und Mercaptane lösen sich nur geringfügig in Aminlösungen. Sulfide und Disulfide sind nahezu unlöslich [41]. Die hochsiedenden physikalischen Lösemittel Selexol und Sulfinol zeigen hingegen gute Löseeigenschaften gegenüber Schwefelwasserstoff, COS, Mercaptanen und Kohlenstoffdisulfid [62].

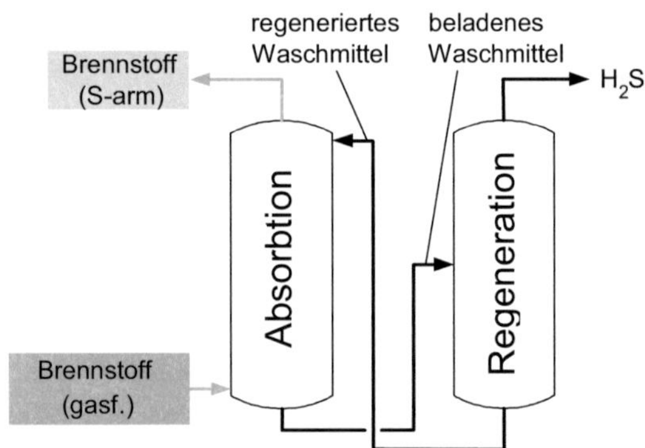

Abb. 2.5: Vereinfachtes Verfahrensfließbild einer Gaswäsche

Für geringe Schwefelmengen (m_S < 50 kg/d [63]) arbeiten Wäschen nicht wirt-schaftlich, nicht vor Ort zu regenerierende Sorbentien sind für die Gasreinigung zu bevorzugen [41].

Extraktion

Die unterschiedliche Löslichkeit von Flüssigkeitsbestandteilen in einem Lösemittel wird bei der Extraktion zur Produkttrennung ausgenutzt (vgl. Abb. 2.6). Die höhere Affinität der polaren Schwefelverbindungen zu einem polaren Lösemittel wird bei der Schwefelextraktion aus Brennstoffen genutzt. Das Lösemittel kann dem Produktstrom nach einer Regeneration, meist eine Destillation, wieder zugeführt werden. Mögliche Lösungsmittel sind Aceton, Ethanol [64], N-Methyl-2-Pyrrolidine [65], Furfural [65],

Dimethylformamid [65], Ethylendiamin [65], Diethylenglycol [65], Polyethylenglycol [66] und ionische Flüssigkeiten [67-69]. Vorteilhaft bei der Extraktion sind die milden Betriebsbedingungen. Zu den extraktiven Entschwefelungsverfahren zählt auch das in Kapitel 1.3 beschriebene MerOx-Verfahren.

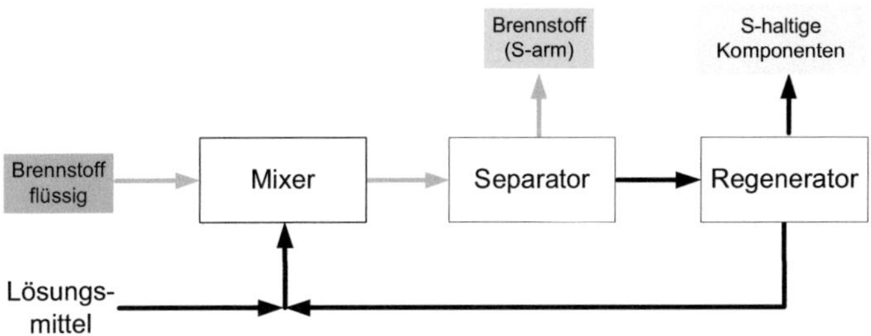

Abb. 2.6: Grundfließbild der Extraktion

Eine Extraktion in Kolonnen kann, aufgrund der Baugröße und des apparativen Aufwands für kleine Leistungsbereiche, nicht wirtschaftlich eingesetzt werden.

Sorption an einem Feststoff

Bei der Feststoffsorption wird der Produktstrom durch ein Festbett geleitet, wobei einzelne Komponenten unterschiedlich gut an dem porösen Festbettmaterial sorbieren. Das Sorbens muss so gewählt werden, dass die Schwefelverbindungen weitestgehend selektiv sorbieren.

Die Adsorption von Begleitstoffen geringer Konzentrationen an einem porösen Feststoff wird häufig zur Gas- und Wasserreinigung eingesetzt. Die direkte Adsorption der Schwefelverbindungen aus flüssigen Kraftstoffen (ohne vorherige katalytische Umwandlung) wird technisch noch nicht angewandt, ist aber ein Gebiet reger Forschungsarbeit [70-79]. Ein Review-Artikel über die Adsorption von Schwefelverbindungen an unterschiedlichen Sorbentien wurde von Yang et al. 2004 veröffentlicht [80]. Bei einer physikalischen Adsorption kann das Adsorbens durch einen Spülvorgang wieder regeneriert werden. Bei einer Chemisorption werden die Schwefelverbindungen meist zu elementarem Schwefel oder zu Sulfiden umgesetzt. Eine Regeneration wird mit einem weiteren Reagenz (Luft, H_2) und unter erhöhter Temperatur durchgeführt und kann zu H_2S oder SO_2 führen.

Ein einfacher Systemaufbau und eine leichte Zugänglichkeit zum Adsorber sprechen für dieses Verfahren. Nachteilig sind die geringen Sorptionskapazitäten. Ein Rechenbeispiel veranschaulicht die Beladungskapazitäten unterschiedlicher Sorbentien und den Einfluss des Schwefelanteils im Feed auf die Sorbensmasse (siehe Abb. 2.7). Beispielsweise ergibt sich für ein ganzjährig mit Heizöl EL betriebenes Brennstoffzellenheizgerät (P_{el} = 5 kW) mit einem Schwefelanteil im Heizöl von x_S = 50 ppm ein jährlich verbrauchtes Sorbervolumen von (Sorbens D) $m_{Ads} \approx 30$ kg, siehe Abb. 2.7. Die für die Abschätzung zugrunde gelegten Daten sind in Anhang C wiedergegeben. Es ist zu erkennen, dass die Sorbentien zum Trennen der Schwefelkomponenten nur eine sehr geringe Beladungskapazität aufweisen. Somit steigt die benötigte Masse an Sorbentien mit dem Schwefelanteil im Feed stark an. Durch eine HDS mit einer Chemisorption von H_2S an Zinkoxid, kann die Sorbensmasse stark reduziert werden. Die realen Werte liegen jedoch oberhalb der dargestellten Kurven, da sich aufgrund von Reformatbestandteilen die Sorbtionskapazität verringert, und aufgrund von kinetischen Effekten (Anlaufverhalten, Länge des unbenutzten Bettes) das Absorbervolumen größer ausgelegt werden muss.

Vorteilhaft sind hierbei die hohe Beladungskapazität des Zinkoxids und die hohe Reinheit des Produktgases, da der Anteil des Schwefelwasserstoffs auf unter 0,02 ppm reduziert werden kann [81]. Laut Herstellerangaben sind Beladungen X_S von bis zu 32 % möglich [82]. Dieser Wert liegt nahe der maximalen Beladung bei stöchiometrischem Umsatz von 390 mg Schwefel pro g ZnO. Dadurch lassen sich sehr kleine Adsorbervolumen realisieren. Ist die Beladungskapazität des Zinkoxidbetts erschöpft, muss das verbrauchte Sorbens ausgetauscht werden. Das Zinksulfid wird zentral in Röstereien zu Zinkoxid regeneriert. Während des Röstvorgangs entsteht aus dem Zinksulfid mit Luftsauerstoff Schwefeldioxid (SO_2). Dieses wird zu Schwefelsäure, schwefelhaltigen Salzen oder Gips weiterverarbeitet [26, 59].

Der Einsatz von Zinkoxid zur Schwefelwasserstoffentfernung aus Reformat für die Brennstoffzellenanwendung wurde bereits von mehreren Forschungsgruppen untersucht [83-89]. Tendenziell belegen die Untersuchungen, dass sich die Beladungskapazität in Anwesenheit von Kohlenstoffmonoxid, Kohlenstoffdioxid und Wasser verringert, aber eine ausreichende Reinheit des Produktgases ($y_{S,aus} = 0,1$ ppm in Anwesenheit von $y_{H2O,ein} = 0,20$ [84]) gewährleistet ist.

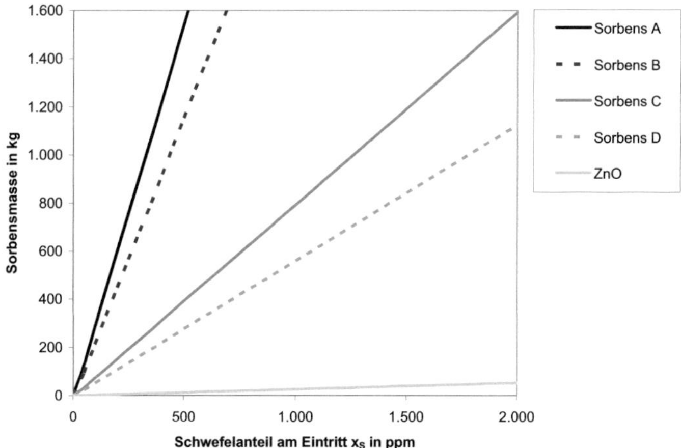

Abb. 2.7: Vergleich der Sorbensmassen für ein ganzjährig betriebenes Brennstoffzellenheizgerät P_{el} = 5kW. Daten siehe Anhang C

Um das gasförmige Reaktionsprodukt einer katalytischen Umwandlung aus dem Produktstrom abzutrennen, finden Aktivkohlen und Molekularsiebe Verwendung [17, 41, 90]. Die Adsorption wird meist bei Raumtemperatur durchgeführt und zeichnet sich durch einen geringen Systemaufwand aus.

Um die Beladungskapazität zu verbessern, wird beispielsweise die Aktivkohle häufig mit einem Reagenz imprägniert. Am Beispiel der Schwefelwasserstoffsorption [90, 91] werden Metallsalze wie Eisen(III)oxid (Fe_2O_3) benutzt, um die Oxidation von Schwefelwasserstoff zu elementaren Schwefel zu beschleunigen:

$$2\,H_2S + O_2 \longrightarrow \tfrac{1}{4}\,S_8 + 2\,H_2O \quad \Delta_R H^{\circ}_{298K} = -444\,kJ\,/\,mol\,. \quad \text{(Rgl. 2.1)}$$

Durch die Umwandlung zu elementarem Schwefel kann eine Beladungskapazität X_S von 100 % erreicht werden [90].

Für die Brennstoffentschwefelung ist Aktivkohle ungeeignet, da sich aufgrund der Co-Adsorption von höheren Kohlenwasserstoffen (insbesondere aromatische Kohlenwasserstoffe, wie Benzol, die wegen ihrer polaren Eigenschaften bevorzugt an Aktivkohle adsorbieren) die Schwefelbeladungskapazität stark verringert. Dies kann auch zu einem Entsorgungsproblem der beladenen Aktivkohle (für X_{Benzol} > 0,1 Gew.-% [92]) führen. Eine Nutzung zur Reinigung des Reformatgases nach der Reformierung ist sinnvoll. Jedoch ist hier der Einsatz durch die maximale Betriebstemperatur (T ≈ 120 °C) begrenzt.

Ein schwefelselektives Sorbens wurde von der Firma BASF in Zusammenarbeit mit der Firma Wintershall entwickelt [92, 93]. Experimentelle Untersuchungen zeigten, dass die Anwesenheit von C2- bis C10-Kohlenwasserstoffen die Beladungskapazität dieses Sorbens kaum beeinträchtigt.

Stofftrennung mittels Membranen

Membranverfahren werden seit 30 bis 40 Jahren [94] im industriellen Maßstab zum Trennen von Flüssigkeits- und von Gasgemischen eingesetzt. Als Membranen werden dünne Schichten bezeichnet, die dem Durchtritt einzelner Komponenten eines Gemischs unterschiedlich große Stofftransportwiderstände entgegensetzen. Somit kann das Gemisch in einzelne Komponenten getrennt werden. Man unterscheidet poröse Membranen und nicht poröse Membranen. Auf Basis der Dampf- oder Gaspermeation werden nicht poröse Membranen sowohl zum Trennen von Flüssigkeitsgemischen als auch zum Trennen von Gasgemischen eingesetzt. Voraussetzung der Permeation sind die Aktivitätsgradienten der zu trennenden Komponenten beiderseits der Membrane. Diese sind von dem Druckgradienten abhängig. Somit ist für eine Stofftrennung eine hohe Partialdruckdifferenz über die Membran notwendig.

Zur Abtrennung von organischen Schwefelverbindungen aus Benzinfraktionen entwickelten Grace Davison und Sulzer Chemtech das Verfahren „S-Brane" [94-96]. Das Verfahren (vgl. Abb. 2.8) basiert auf einer Abtrennung der polaren Schwefelverbindungen über eine Polymermembran durch Pervaporation bei Temperaturen zwischen 94 °C und 120 °C und einem Druck von 6,9 bar bis 10,3 bar am Eintritt des Trennapparates [95]. Auf der Permeatseite der Membran liegt ein Unterdruck (p < 0,2 bar) an. Die schwefelarme Fraktion wird nach der Pervaporation auskondensiert und bei einer großtechnischen Anwendung einer HDS-Anlage zugeführt. Eine Demonstrationsanlage, installiert in der Bayway Raffinerie (Newark, USA), entschwefelt unterschiedliche Benzinfraktionen. Das S-Brane-Verfahren ist besonders geeignet, um aus leichten Siedeschnitten Schwefelverbindungen zu entfernen, deren Siedetemperaturen unter der von Benzothiophen liegen. Es wurde gezeigt, dass der Schwefelanteil einer Benzinfraktion von ca. 80 ppm auf ca. 20 ppm reduziert werden kann [95]. Da die Stofftrennung nicht aufgrund unterschiedlich hoher Siedetemperaturen erfolgt, unterscheidet sich das Retentat in den Stoffeigenschaften wie Siedeverlauf, Olefinanteil und Klopffestigkeit nur geringfügig von dem schwefelreichen Permeat.

Die wichtigsten Anwendungsgebiete von Membranen sind das Gewinnen von Wasserstoff aus Synthesegas und das Abtrennen von Kohlenstoffdioxid aus Erdgas [62]. Untersuchungen zur gleichzeitigen Abtrennung von Schwefelwasserstoff und Kohlenstoffdioxid aus Erdgas wurden von Riewenherm durchgeführt [97]. Bei der

Reinigung von Roherdgas liegt das Gas unter hohem Druck vor, so dass Membran-verfahren wegen der fehlenden Kompression wirtschaftlich sind.

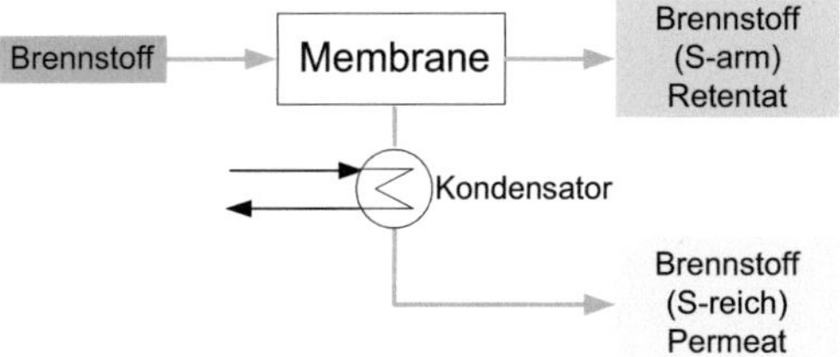

Abb. 2.8: Grundfließbild des Schwefelabreicherung mittels Membran in flüssigen Brennstoffen

Das Verfahren besticht durch den geringen apparativen Aufwand, die gewünschte Produktreinheit kann für flüssige Brennstoffe jedoch noch nicht erreicht werden.

Fällung

Bei dem Trennverfahren der Fällung (siehe Abb. 2.9) wird der Brennstoff mit einem Fällungsmittel gemischt. Dieses verbindet sich mit den Schwefelverbindungen zu einem unlöslichen Niederschlag. Im Anschluss muss der Niederschlag aus dem Produktstrom z. B. durch Filtration entfernt werden. Shiraishi et al. [98] setzten 70 % der Schwefelverbindungen eines katalytischen Crack-Benzins (Restschwefelanteil $x_S = 30$ ppm) mit den Fällungsmitteln Silberfluoroborat ($AgBF_4$) und Methyliodid (CH_3I) um. Für eine Tiefentschwefelung sind die erzielten Umsätze noch zu gering. Des Weiteren ist entweder ein Fällungsmittel nach Verbrauch zu wechseln oder kontinuierlich zu regenerieren. Somit ist eine Fällung der Schwefelverbindungen für eine dezentrale Tiefentschwefelung von flüssigen Brennstoffen ungeeignet.

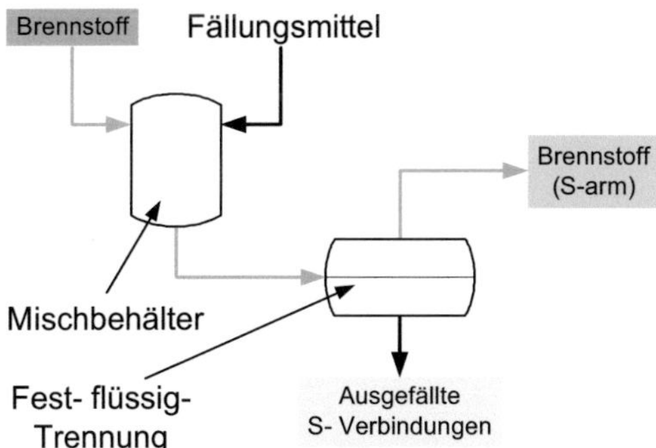

Abb. 2.9: Vereinfachtes Verfahrensfließbild der Fällung mit anschließender Separation

Destillation

Unter Destillation versteht man das Verdampfen einer aus einer beliebigen Komponentenzahl bestehenden Flüssigkeit und die anschließende Kondensation der dabei gebildeten Brüden zum Destillat. Aufgrund unterschiedlicher Siedetemperaturen werden die einzelnen Komponenten getrennt.

Der Großteil der in Erdöl und in den einzelnen Erdölfraktionen vorkommenden Schwefelverbindungen hat eine hohe Siedetemperatur (vgl. Kapitel 1.3). Somit kann der Schwefelanteil durch eine Destillation reduziert werden (siehe Abb. 1.7). Ein Verfahren zur destillativen Abtrennung einer schwefelarmen Kraftstofffraktion, die anschließend einem Reformer zugeführt wird, ist auch in einer Patentanmeldung der Firma Daimler AG [99] und der Firma Enerday [100] beschrieben.

Die Destillation wird auch downstream einer Reaktion, einer Wäsche oder einer Extraktion eingesetzt, um die Reaktionsprodukte oder Mischungen zu trennen oder um das Lösemittel zu regenerieren. Für dezentrale Anwendungen ist eine Destillation jedoch nicht wirtschaftlich (vgl. Extraktion).

2.3 Hybride Entschwefelungsverfahren

2.3.1 Reaktivdestillation

Die Reaktivdestillation ist die Kombination zweier Verfahrensschritte: katalytische Reaktion und destillative Trennung. Angewendet wird dieses Verfahren bei der kombinierten hydrierenden Entschwefelung und Destillation in einem Apparat. Der Apparat besteht aus einer gewöhnlichen Trennkolonne mit Füllkörpern, die mit einem Entschwefelungskontakt beschichtet sind. Die an der Füllkörperoberfläche ablaufenden chemischen Reaktionen entsprechen denen der konventionellen HDS. Der gebildete Schwefelwasserstoff wird am Kopf der Kolonne mit dem Produkt abgezogen und muss in einem nachgeschalteten Schritt, z. B. mittels Sorption an Zinkoxid, entfernt werden.

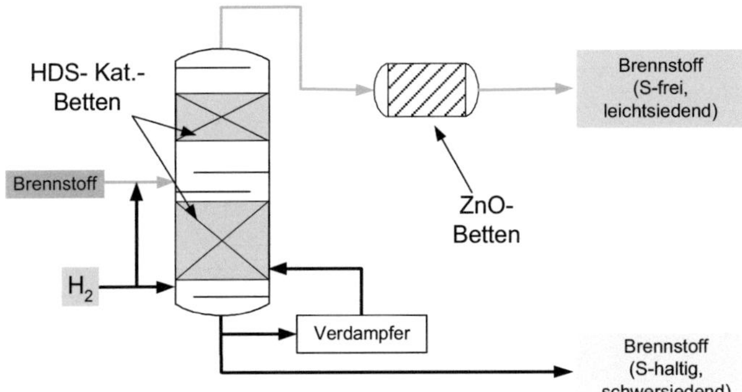

Abb. 2.10: Vereinfachtes Verfahrensfließbild der Reaktivdestillation

Durch die Brennstoffzuführung in der Mitte der Kolonne bzw. des Reaktors und die Wasserstoffzuführung am Boden des Apparates kann der Brennstoff effektiv entschwefelt werden (Abb. 2.10). Die leichtsiedenden und leicht zu hydrierenden Anteile werden im oberen Teil des Apparates im Gleichstrom mit Wasserstoff und in Anwesenheit des inhibierenden gasförmigen Schwefelwasserstoffs, der auch im unteren Teil entsteht, entschwefelt. Die schwersiedenden Anteile rieseln im Gegenstrom mit Wasserstoff nach unten, und die schwer zu hydrierenden Schwefelverbindungen reagieren in einer nahezu schwefelwasserstofffreien Atmosphäre. Eine kommerzielle Anwendung findet das Verfahren unter dem Namen SynSat [101].

2.3.2 Reaktivabsorption

Die Reaktivabsorption ist wie die Reaktivdestillation ein Verfahren, bei dem zwei Verfahrensschritte gleichzeitig ablaufen. In diesem Fall sind es die HDS (unter Zugabe von Wasserstoff) und die absorptive Entfernung des gebildeten Schwefelwasserstoffs. Die aktive Komponente kann ein mit Nickel dotiertes Zinkoxid sein, wobei das Nickel die Rolle des Entschwefelungskatalysators und das Zinkoxid die Rolle des Absorbens übernimmt.

Tawara et al. [102-105] untersuchten die Reaktivadsorption mit dem System Ni/ZnO. Die Experimente wurden mit einem geringeren Wasserstoff/ Öl-Verhältnis als bei einer konventionellen HDS durchgeführt. Der Schwefelumsatz lag sehr hoch (> 99,9 %), unerwünschte Nebenreaktionen wurden nicht festgestellt.

Industriell wurde S-Zorb, ein kommerzielles Verfahren mit Regeneration des Sorbens, von der Firma ConocoPhillips entwickelt (siehe Abb. 2.11). Seit 2001 werden die ersten Anlagen betrieben. Mitteldestillate werden dabei bei Temperaturen von 371 °C bis 440 °C und bei einem Druck von 19 bar bis 34 bar entschwefelt [106].

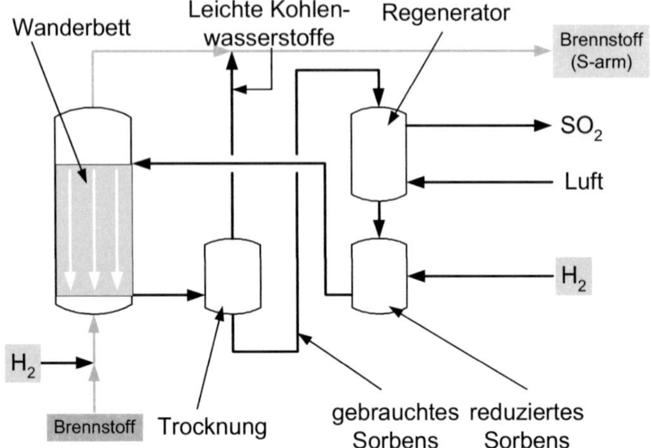

Abb. 2.11: Vereinfachtes Verfahrensfließbild der Reaktivabsorption mit integrierter Sorbensregeneration (S-Zorb-Verfahren) [nach 106]

Das Verfahren ist verfahrenstechnisch sehr aufwendig und mit einer integrierten Regeneration für eine Anwendung in kleinen Leistungsbereichen nicht wirtschaftlich.

In der nachfolgenden Tabelle werden die eben aufgeführten Entschwefelungsverfahren (ggf. mit Regenerationsschritt) zusammengefasst dargestellt. Grau hinterlegte Schwefelverbindungen können mit dem angegebenen Verfahren umgesetzt oder entfernt werden.

Tab. 2.2: Entschwefelungsverfahren

In der folgenden Tabelle kennzeichnet ein ausgefülltes (graues) Feld ■, dass das Verfahren die betreffende Schwefelverbindung erfasst.

Verfahren	Entschwefelungsmittel	H_2S	COS	Mercaptane	Sulfide	Disulfide	Thiophene	Benzo-thiophene	Dibenzo-thiophene	Regeneration
HDS	H_2, Katalysatoren: CoMo, NiMo		■	■	■	■	■	■	■	-
Oxidation	Peroxyessigsäure, Wasserstoffperoxid	■	■	■	■	■	■	■	■	-
Alkylierung (OATS)	Katalysatoren: H_2SO_4, H_3PO_4, $AlCl_3$, $SbCl_5$, $FeCl_3$, BF_3, $ZnCl_2$						■			-
Sorption (Gaswäsche)	Monoethanolamin (MEA) Diethanolamin (DEA)	■								Entgasen
	N-Methyl-2-pyrrolidone (Purisol Verfahren)	■	■							Entgasen
	Polyethoxyether (Selexol Verfahren)	■	■	■	■					Entgasen
(Extraktion)	Alkalilauge und spätere Oxidation (Merox Verfahren)	■	■	■						Oxidieren
	Aceton, Ethanol	■	■	■	■	■	■	■		Destillieren
	Polyethylenglycol	■	■	■	■	■	■	■		Destillieren
	Ionische Flüssigkeiten	■	■	■	■	■	■	■		Destillieren
(Feststoff)	Zeolithe, Silica Gel, Aktivkohle etc.	■	■	■	■					Spülen
	dotierte Aktivkohle	■	■	■						-
	Zinkoxid	■	■							Rösten
	Eisenoxid (Sulfatreat, Sulfur-Rite)	■	■							Rösten
Membran					■	■	■	■		-
Fällung	$AgBF_4$, CH_3I			■	■	■		■	■	-
Destillation								■	■	-
Reaktiv-destillation	H_2, Katalysatoren: CoMo, NiMo		■	■	■	■	■	■		-
Reaktivab-sorption	H_2, Ni dotiertes ZnO	■	■	■	■	■	■	■		Oxidieren

In Tab. 2.3 ist zusammengefasst, inwieweit die diskutierten Entschwefelungsverfahren die aus der Brennstoffzellenanwendung herrührenden Anforderungen (vgl. Einleitung Kapitel 2) erfüllen. Unbedingt zu erfüllende Anforderungen - wie die Entfernung jeder auftretenden Schwefelverbindung und der zu erreichende maximale Restschwefelanteil - sind dunkel hinterlegt. Zusätzlich wird anhand der in den Unterkapiteln diskutierten Vor- bzw. Nachteile der einzelnen Verfahren eine Wertung bezüglich des Grades der Erfüllung der einzelnen Anforderungen gegeben (positiv: +, neutral: o; negativ: -).

Bei der HDS wird zwischen einer Entschwefelung in der Gasphase und einer Entschwefelung in der Flüssigphase unterschieden. Des Weiteren wird bei der Sorption an einem Feststoff unterschieden, ob die Sorption der Schwefelverbindungen direkt stattfindet oder sich die Sorption an einen vorgeschalteten Prozess (inkl. Umwandlung in eine andere Schwefelverbindung, z.B. HDS) anschließt.

Der apparative Aufwand beurteilt die Anzahl der verwendeten Apparate und deren Komplexität. Außerdem spielt die Baugröße der Apparate besonders im Hinblick auf eine mobile Anwendung eine große Rolle. Apparate, die ein großes Volumen und/ oder eine große Masse benötigen, sind hier von Nachteil.

Auf eine Beurteilung der Standzeit und der Wartung wurde verzichtet. Beide Kriterien beinhalten ein Abwägen der Masse und des Wartungsintervalls (z.B. Austausch eines Absorberbetts), was für jeden Anwendungsfall eines Brennstoffzellensystems (mobil, stationär, Leistung der Brennstoffzelle) neu beurteilt werden muss.

Die Anforderung „anfallende Schwefelmenge" fällt positiv aus, sobald der Eduktstrom aufgeteilt und nur ein Teilstrom, der für die Brennstoffzelle bestimmt ist, entschwefelt wird.

Ein Entschwefelungsverfahren kann dann einfach in ein Brennstoffzellensystem integriert werden, wenn es bei einem ähnlichen Druckniveau wie die restlichen Komponenten des Brennstoffzellensystems betrieben werden kann. Es wird dann positiv gewertet.

Wird bei einem Entschwefelungsverfahren ein Entschwefelungsmittel eingesetzt, das verbraucht wird und bevorratet werden muss, wird dieses neutral bewertet. Große anfallende Mengen an Entschwefelungsmittel führen zu einer negativen Bewertung. Reaktanden wie Wasserstoff, Luft, Wasserdampf müssen nicht bevorratet werden, da sie in einem Brennstoffzellensystem zur Verfügung stehen.

Für eine mobile Anwendung ist ein Entschwefelungsverfahren nur geeignet, wenn es Neigungs- und Krängungsunempfindlich ist.

Tab. 2.3: Anforderungen an ein Entschwefelungsverfahren für ein Brennstoffzellensystem und deren Beurteilung

Verfahren	Anforderungen							
	Restschwefel $x_S < 10$ ppm	Entfernung jeder Schwefelverbindung	Geringer App. Aufwand	Geringe Baugröße	Anfallende Schwefelmenge	Einbindung in Brennstoffzellensystem	Geringe Bevorratung zusätzlicher Einsatzstoffe	Mobile Anwendung
HDS								
/Flüssigphase	+	+	o	o	-	-	+	-
/Gasphase	+	+	o	o	+	+	+	o
Oxidation	+	+	-	-	-	+	-	-
Alkylierung (OATS)	-	-	o	-	+	+	-	-
Sorption								
/Gaswäsche	+	-	o	-	-	+	o	-
/Extraktion	-	+	-	-	-	+	-	-
/Feststoff								
//ohne vorherige kat. Umwandlung der Schwefelverbindungen	-	-	+	o	-	+	o	+
//mit kat. Umwandlung der Schwefelverbindungen (z.B. HDS)	+	-	+	+	-	+	+	+
Membran	-	-	+	o	+	+	+	+
Fällung	-	+	o	o	-	+	-	o
Destillation	-	-	o	-	+	+	+	-
Reaktivdestillation	+	+	o	-	+	+	+	-
Reaktivabsorption (ohne Regeneration)	+	+	o	o	-	-	+	-

2.4 Entschwefelungsverfahren der partiellen Verdampfung mit anschließender Hydrierung

Der Großteil der bisher diskutierten Entschwefelungsverfahren ist für eine Brennstoffzellenanwendung nicht geeignet (vgl. Tab. 2.3). Im Hinblick auf eine Anwendung in einem Brennstoffzellensystem wurde im Rahmen dieser Arbeit ein Verfahren zur Brennstoffentschwefelung auf Basis einer HDS in der Gasphase entwickelt (siehe Abb. 2.12). Dabei wird der zu entschwefelnde Kraftstoff durch eine partielle Verdampfung in die Gasphase überführt und mit zugemischtem Wasserstoff über ein Katalysatorbett geleitet, in dem die Schwefelverbindungen zu Schwefelwasserstoff und einem Kohlenwasserstoffrest umgesetzt werden. Der Schwefelwasserstoff kann nachfolgend mittels Chemisorption an Zinkoxid mit einer hohen Beladungskapazität aus dem Gasstrom entfernt werden. Der Rückstand der partiellen Verdampfung kann je nach Anwendung direkt in einen Motor, in einen Reformerbrenner einer allothermen Dampfreformierung gespeist oder in einen Tank zurückgeführt werden[2].

Die partielle Verdampfung weist mehrere Vorteile gegenüber einer totalen Verdampfung und gegenüber einer Verdampfung mittels „Kalter-Flamme"[3] [107, 108] auf:

- ablagerungsfreies Verdampfen,

- Minderung des Schwefelanteils,

- Aushaltung von reaktionsträgen, hochsiedenden Schwefelverbindungen,

Vorteile der reinen Gasphasenreaktion für die HDS-Reaktion im Vergleich zu einem konventionellen Rieselfilmreaktor sind:

- geringer Strömungswiderstand,

- keine Limitierung des Wasserstoffangebots über das Lösungsgleichgewicht von Wasserstoff in Öl,

- keine Verteilung der Flüssig- und Gasphase nötig,

- einfache Fluiddynamik, dies ermöglicht ein einfaches Scaleup bzw. Scaledown,

- unabhängig von Beschleunigungskräften.

---

[2] Eine Abschätzung zur Schwefelanreicherung im Tank befindet sich in Anhang B.

[3] Die „Kalte-Flamme" ist ein Verfahren zur Verdampfung von flüssigen Brennstoffen und zur Gemischbildung. Bei diesem Verfahren wird die Asche in einem Verdampfungsvlies zurückgehalten und gelangt somit nicht in einen anschließenden Reformer. Hochsiedende Schwefelverbindungen werden in der „Kalte-Flamme" nicht umgesetzt.

Die aufgezählten Vorteile der Gasphasenreaktion verdeutlichen, dass die HDS-Reaktion durch eine vorherige Teilverdampfung ideal für eine dezentrale Anwendung genutzt werden kann. Das Verfahren bietet somit ein hohes Potential, die Brennstoff-zellentechnologie auf Basis von fossilen Brennstoffen funktionell und wirtschaftlich zu betreiben. Dies gilt insbesondere für Brennstoffe mit hohen Schwefelkonzentrationen wie Kerosin, Heizöl und Schiffsdiesel.

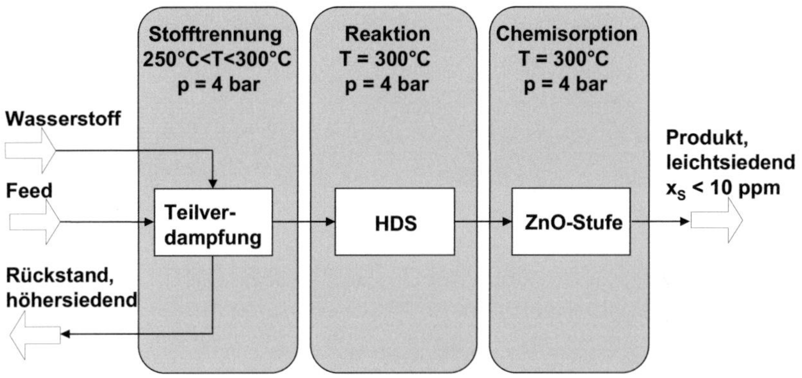

Abb. 2.12: Grundfließbild des Entschwefelungsverfahrens [109]

Um das Verfahren näher zu untersuchen, wurden Versuche mit Kerosin Jet A-1 und Heizöl EL durchgeführt, da für diese Anwendung (geringer Druck, teilverdampfter Kraftstoff) keine experimentellen Daten vorhanden waren.

3 Hydrierende Entschwefelung

3.1 Reaktionsnetz und Reaktionskinetik (Haupt- und Nebenreaktionen)

Die Hydrierung von Rohölfraktionen ist ein bedeutender Prozess in der Verarbeitung von Erdöl, um Zwischenprodukte vorzureinigen und um den Qualitätsanforderungen an die Produkte gerecht zu werden. In Folge dessen war der Reaktionsmechanismus der HDS bereits Gegenstand zahlreicher Untersuchungen.

Bei der hydrierenden Entschwefelung treten die Eliminierung mit anschließender Hydrierung und die Hydrogenolyse als Hauptreaktionen auf.

Die Eliminierung ist eine chemische Reaktion, bei der ein Atom oder eine Atomgruppe aus einem Molekül austritt, aber nicht durch andere ersetzt wird. Der am häufigsten vorkommende Eliminierungstyp ist die β-Eliminierung: Zwei an benachbarten (α- und β-) Kohlenstoff-Atomen gebundene Atome oder Atomgruppen verlassen das Molekül unter Bildung einer Doppel- oder einer Dreifachbindung:

$$R\text{-}CH_2\text{-}CH_2\text{-}SH \rightleftharpoons R\text{-}CH=CH_2 + H_2S. \tag{Rgl. 3.1}$$

Die Anlagerung von Wasserstoff an eine Doppel- oder eine Dreifachbindung (sogenannte „ungesättigte" Moleküle) wird als Hydrierung bezeichnet. Die Moleküle werden dadurch hydriert bzw. abgesättigt:

$$R\text{-}CH=CH_2 + H_2 \rightleftharpoons R\text{-}CH_2\text{-}CH_3. \tag{Rgl. 3.2}$$

Als Hydrogenolyse wird eine Reaktion bezeichnet, bei der mit katalytisch aktiviertem Wasserstoff die C-S-Bindung geöffnet wird; es entstehen hierbei ein Kohlenwasserstoffmolekül und ein Schwefelwasserstoffmolekül:

$$R\text{-}CH_2\text{-}SH + H_2 \rightleftharpoons R\text{-}CH_3 + H_2S. \tag{Rgl. 3.3}$$

Die genannten Reaktionen werden durch geträgerte sulfidierte Kontakte katalysiert (vgl. Kapitel 3.3). Dabei kann die β-Eliminierung an der Oberfläche des Al_2O_3-Trägermaterials ablaufen, während die Hydrogenolyse und die Hydrierung ausschließlich an der Metallsulfid-Oberfläche des Katalysators stattfinden.

Kinetische Untersuchungen zur HDS von organischen Schwefelverbindungen zeigten, dass es zwei mögliche aktive Zentren für die ablaufenden Reaktionen gibt — zum einen ein aktives Zentrum für die direkte Entschwefelung über eine Hydrogenolyse und zum anderen ein aktives Zentrum für die Hydrierung von Schwefelverbindungen [110-114]. Sämtliche Thiophenderivate können über beide Reaktionswege umgesetzt werden. Dabei kann das Wasserstoffmolekül direkt mit dem Schwefelatom zu Schwefelwasserstoff reagieren (Hydrogenolyse). Alternativ kann das Wasserstoffmolekül mit der π-Bindung des jeweiligen Aromaten reagieren (Hydrierung). Die Verbindung wird destabilisiert, so dass in einem nachfolgenden Reaktionsschritt über eine Hydrogenolyse die C-S-Bindung mit Wasserstoff unter der Bildung von Schwefelwasserstoff gespalten werden kann. Die genauen Abläufe an der Katalysatoroberfläche sind bei der Hydrogenolyse und bei der Hydrierung noch nicht vollständig geklärt, zumal die Katalysatoroberfläche in Anwesenheit der Reaktanden nicht stabil ist [115] und die unterschiedlichen aktiven Zentren in Abhängigkeit von der Gaszusammensetzung ineinander überführt werden können [112, 116-118].

Die Schwefelverbindungen in flüssigen Brennstoffen bestehen zum Großteil aus alkylierten Thiophenen, alkylierten Benzothiophenen und alkylierten Dibenzothiophenen. Die HDS-Reaktivität der Schwefelverbindungen ist anhand von Modellsubstanzen eingehend untersucht worden [119-121] und kann wie folgt mit sinkender Reaktivität angegeben werden:

> Mercaptane, Sulfide, Disulfide > Thiophen > alkylierte Thiophene
> > Benzothiophen > alkylierte Benzothiophene > Dibenzothiophen
> $\geq$ alkylierte Dibenzothiophene ohne Substituent an 4. oder 6.
> Position > alkylierte Dibenzothiophene mit Substituent an 4. und
> 6. Position.

Die um mehrere Zehnerpotenzen abnehmende Reaktivität der alkylierten Dibenzothiophene wird mit steigender sterischer Behinderung erklärt. Insbesondere gilt dies für Substitutionen des Dibenzothiophengrundkörpers an den Positionen 4 und 6, vgl. Abb. 1.3.

Um den prinzipiellen Reaktionsmechanismus der Schwefelverbindungen zu verstehen, beschränken sich die folgenden Ausführungen auf Thiophen, Benzothiophen und Dibenzothiophen.

Reaktionsnetz und Kinetik der HDS von Thiophen

Der Reaktionsweg der hydrierenden Entschwefelung von Thiophen ist noch nicht vollständig geklärt. Als Reaktionsprodukte treten Tetrahydrothiophen (THT), 1-Buten und 1,3-Dibuten auf [122]. In Abb. 3.1 ist ein Reaktionsnetz für die hydrierende Entschwefelung von Thiophen abgebildet. Die unteren Reaktionspfade (siehe Abb. 3.1) beschreiben die Entschwefelung von Thiophen über eine direkte Hydrogenolyse [123, 124]. Dabei entsteht einerseits Buten, andererseits Butadien, welches mit Wasserstoff zu Buten weiter reagiert. Die Hydrierung von Thiophen zu Tetrahydrothiophen (THT) läuft parallel ab [125, 126]. THT wiederum kann über eine Hydrogenolyse zu Buten oder über eine β-Eliminierung zu Butadien reagieren. Das Reaktionsprodukt Buten reagiert bei Wasserstoffüberschuss weiter zu n-Butan.

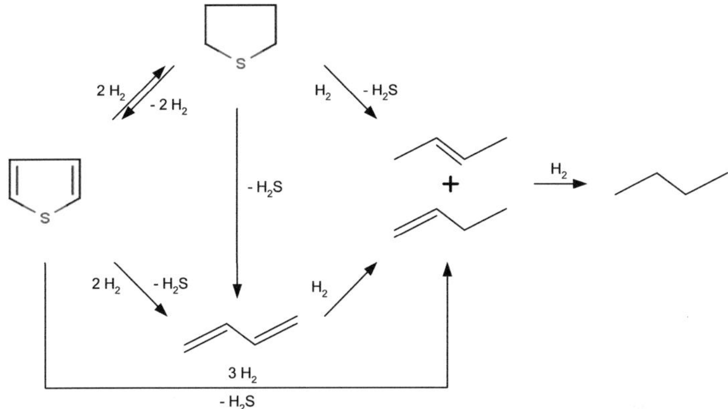

Abb. 3.1: Reaktionsnetz von Thiophen bei der hydrierenden Entschwefelung [nach 124]

Im Fokus der meisten Untersuchungen zur hydrierenden Entschwefelung von Thiophen steht der Einfluss der Adsorption bei der Katalyse. Bei der heterogenen Katalyse wird mindestens eine an der Reaktion beteiligte Substanz adsorbiert. Damit eine Reaktion ablaufen kann, muss ein Teilchen aus der Gasphase (A) mit einem absorbierten Teilchen (B) kollidieren. Die Reaktionsgeschwindigkeit r, mit der das Produkt gebildet wird, sollte dabei sowohl proportional zum Partialdruck p_A des Moleküls A in der Gasphase als auch proportional zu der Oberflächenbelegung ϑ_B des adsorbierten Moleküls sein [127]:

$$A + B \longrightarrow P \qquad r = k \cdot p_A \cdot \vartheta_B. \tag{3.1}$$

Die Konstante k ist die Reaktionsgeschwindigkeitskonstante. Unter der Annahme, dass die Langmuirsche Isotherme anwendbar ist, ergibt sich für die Reaktionsgeschwindigkeit r:

$$r = k \cdot p_A \cdot \frac{K \cdot p_B}{1 + K \cdot p_B}. \tag{3.2}$$

Hierin bezeichnet K die Adsorptionskonstante. Der zugrunde liegende Mechanismus wird als Eley-Rideal-Mechanismus bezeichnet.

Wenn beide Reaktionspartner auf der Katalysatoroberfläche adsorbieren und die Reaktion auf Stößen zwischen adsorbierten Teilchen beruht, so spricht man von einem Langmuir-Hinshelwood-Mechanismus:

$$A + B \longrightarrow P \qquad r = k \cdot \vartheta_A \cdot \vartheta_B. \tag{3.3}$$

Das Geschwindigkeitsgesetz lautet in diesem Fall:

$$r = \frac{k \cdot K_A \cdot p_A \cdot K_B \cdot p_B}{\left(1 + K_A \cdot p_A + K_B \cdot p_B\right)^2} \quad . \tag{3.4}$$

Das Geschwindigkeitsgesetz nach Langmuir-Hinshelwood wird häufig verwendet, um die Reaktionsgeschwindigkeit der hydrierenden Entschwefelung von Thiophen zu beschreiben, wie beispielsweise von Satterfield und Roberts [128]:

$$r = \frac{k_r \cdot K_T \cdot p_T \cdot K_{H_2} \cdot p_{H_2}}{\left(1 + K_T \cdot p_T + K_{H_2S} \cdot p_{H_2S}\right)^2} \quad . \tag{3.5}$$

Reaktionsnetz und Kinetik der HDS von Benzothiophen

Das Reaktionsnetz von Benzothiophen (siehe Abb. 3.2) weist, ähnlich dem Reaktionsnetz von Thiophen, zwei Hauptreaktionswege auf. Während bei Thiophen die Hydrierung des Thiophenrings bevorzugt ist, wird dies im Falle von Benzothiophen aufgrund des kondensierten stabilen Benzolrings erschwert. Hierbei ist die direkte Hydrogenolyse der C-S-Bindung begünstigt.

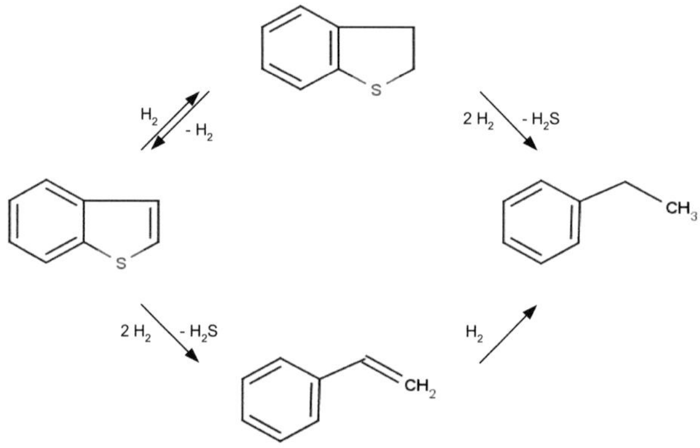

Abb. 3.2: Reaktionsnetz von Benzothiophen bei der hydrierenden Entschwefelung [nach 122]

Der Reaktionspfad für die alkylierten Benzothiophene ist identisch dem der nicht alkylierten Komponenten. Die alkylsubstituierten Homologen dieser Schwefelverbindung zeigen je nach der Stellung der Alkylgruppe unterschiedliche Reaktivitäten. Besonderen Einfluss auf die Reaktivität zeigen Alkylgruppen in Nachbarstellung zu dem Schwefelatom, da die C-S-Bindung abgeschirmt und somit die direkte Hydrogenolyse erschwert wird [122]. Für alkylierte Benzothiophene kann auf Basis von experimentellen Daten von folgender Reaktivitätsfolge ausgegangen werden [122, 129-132]:

BT > 7-MeBT ≈ 2-MeBT ≈ 3-MeBT >> 2,3-DiMeBT > 2,3,7-TriMeBT.

Reaktionsnetz und Kinetik der HDS von Dibenzothiophen

Aufgrund der niedrigen gesetzlich geforderten Schwefelgrenzwerte in Kraftstoffen (siehe Kapitel 1.3) und der dadurch notwendig gewordenen Tiefentschwefelung konzentrierten sich in den letzten Jahren die Untersuchungen zur hydrierenden Entschwefelung verstärkt auf das reaktionsträge Dibenzothiophen und dessen alkylierte Derivate. Die meisten Untersuchungen wurden mit Modellsubstanzen in einem Lösemittel durchgeführt. Das Reaktionsnetz von Dibenzothiophen (Abb. 3.3) zeigt eine ähnliche Struktur wie das Reaktionsnetz von Thiophen und von Benzothiophen.

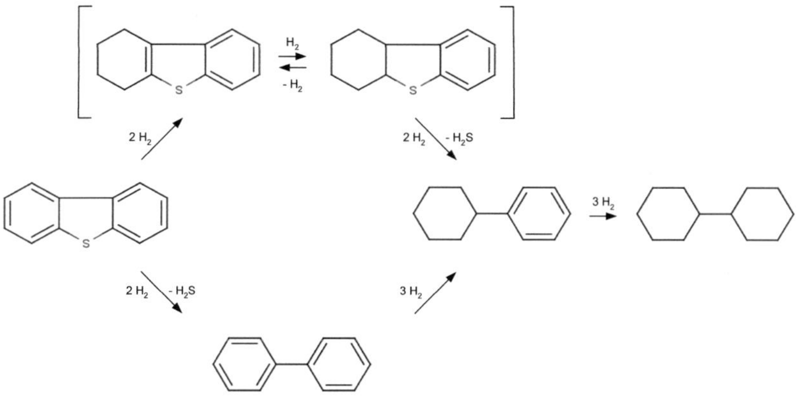

Abb. 3.3: Reaktionsnetz der hydrierenden Entschwefelung von Dibenzothiophen [nach 133]

Die Hydrogenolyse mit vorhergehender Hydrierung (Abb. 3.3, oberer Reaktionspfad) führt über Tetrahydrodibenzothiophen zu Cyclohexylbenzol, die direkte Hydrogenolyse (Abb. 3.3, unterer Reaktionspfad) führt über Biphenyl bei weiterer Hydrierung zu Cyclohexylbenzol.

Der erste Reaktionsschritt, die direkte Hydrogenolyse oder die Hydrierung eines Phenylrests, findet an unterschiedlichen katalytisch aktiven Zentren auf der Katalysatoroberfläche statt. Der geschwindigkeitsbestimmende Schritt ist in beiden Fällen die Reaktion zwischen den adsorbierten Reaktanden und den adsorbierten Wasserstoffatomen [134].

Untersuchungen von Houalla et al. [133] zeigen, dass die direkte Hydrogenolyse bei einem CoMo-Katalysator etwa um den Faktor 1000 schneller ist als die mit vorhergehender Hydrierung.

Substituenten an den Positionen 2 und 8 des Dibenzothiophens können die Entschwefelung beschleunigen [135, 136], bei Substituenten an den Positionen 3 und 7 verläuft die Reaktion langsamer, und bei den Positionen 4 und 6 verringert sich die Reaktionsgeschwindigkeit aufgrund von sterischen Effekten deutlich, d. h. das

Schwefelatom kann aufgrund der Molekülgeometrie die aktiven Zentren auf der Katalysatoroberfläche nur erschwert erreichen [122].

Eine Vielzahl von kinetischen Untersuchungen über die hydrierende Entschwefelung von Dibenzothiophen ist durchgeführt worden, wobei für die meisten Reaktionsgeschwindigkeiten ein Langmuir-Hinshelwood-Ansatz vorgeschlagen wird [122].

Bei der Tiefentschwefelung von Brennstoffen können sich auch aus dem Reaktionsprodukt Schwefelwasserstoff und aus Olefinen, die entweder bei der HDS selbst entstanden oder im Einsatzstrom enthalten sind, Thiole und Thiophene bilden. Die Rekombination zu organischen Schwefelverbindungen wurde bereits 1975 von Satchell und Crynes [137] beobachtet.

Weiterführend kann bei einer Tiefentschwefelung der Reaktionsweg der Hydrierung thermodynamisch limitiert sein, da bei höheren Temperaturen hydrierte Zwischenprodukte mit einer niedrigen Gleichgewichtskonzentration vorliegen. Das bedeutet, dass der Hydrierungsweg bei hohen Temperaturen und geringem Druck gehemmt ist [138, 139].

3.2 Thermodynamik

Die hydrierende Entschwefelung von organischen Schwefelverbindungen verläuft im Allgemeinen exotherm und somit bevorzugt (thermodynamisch betrachtet) bei niedrigen Temperaturen ab. Exemplarisch werden im Folgenden die Schwefelverbindungen Thiophen, Benzothiophen und Dibenzothiophen betrachtet (siehe Rgl. 3.4 bis Rgl. 3.6). Die Reaktionsenthalpien, bezogen auf Reaktanden in der Gasphase, wurden auf Basis von Literaturdaten[4] [140-145] berechnet:

$$\Delta_R H^0{}_{298}$$

			$\Delta_R H^0{}_{298}$	
$Thiophen + 4\,H_2$	$\rightleftharpoons$	$n\text{-}Butan + H_2S$	-263	(Rgl. 3.4)
$Benzothiophen + 2\,H_2$	$\rightleftharpoons$	$Styrol + H_2S$	-64	(Rgl. 3.5)
$Dibenzothiophen + 2\,H_2$	$\rightleftharpoons$	$Biphenyl + H_2S$	-54	(Rgl. 3.6)

Um die Lage des thermodynamischen Gleichgewichts zu bestimmen, muss die freie Reaktionsenthalpie über die Gibbs-Helmholtz-Gleichung berechnet werden:

---

[4] Eine einzige Bezugsquelle für die thermodynamischen Daten der einzelnen Verbindungen wurde nicht gefunden.

$$\Delta_R G^0 = \Delta_R H^0 - T\,\Delta_R S^0 \,. \tag{3.7}$$

Aus der freien Reaktionsenthalpie kann die Gleichgewichtskonstante Kp in Abhängigkeit von der Temperatur bestimmt werden:

$$\ln K_p = \frac{-\Delta_R G^0}{R}\,\frac{1}{T}\,. \tag{3.8}$$

Die Gleichgewichtskonstanten (siehe Abb. 3.4) verringern sich erwartungsgemäß mit steigender Temperatur aufgrund der Exothermie. Allerdings sind die Werte immer noch ausreichend hoch, um einen vollständigen Umsatz im relevanten Temperaturbereich zu gewährleisten. Somit sind unter den typischen industriellen (vgl. Tab. 2.1) [111] und den Bedingungen für die Entschwefelung in der Gasphase die oben genannten Reaktionen nicht thermodynamisch limitiert. Beispielsweise liegt der Wert der Gleichgewichtskonstante für die hydrierende Entschwefelung von Thiophen für eine Temperatur von 650 K bei $1{,}5{*}10^5$, was einem thermodynamischen Umsatz von praktisch 100 % entspricht.

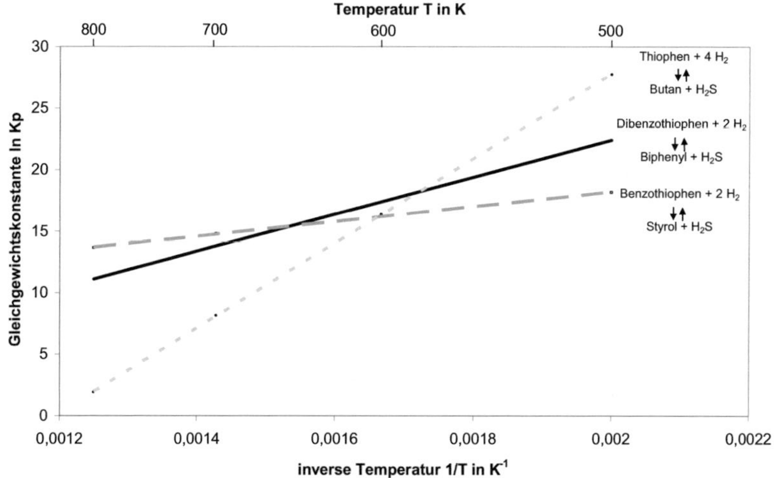

Abb. 3.4: Thermodynamisches Gleichgewicht der hydrierenden Entschwefelung von Thiophen, Benzothiophen und Dibenzothiophen

3.3   Katalysatoren

Beim Hydrotreating können je nach Einsatzstoff und den Produktanforderungen verschiedene Metalle (Ni, Co, W, Mo, Pt, Ru und Rh) als Katalysatoren angewandt werden. Um eine bessere Selektivität und eine höhere Standzeit des Katalysators zu erzielen, werden einige Metalle miteinander kombiniert. Katalysatoren der konventionellen hydrierenden Entschwefelung enthalten üblicherweise die Metalle Molybdän und Kobalt oder Nickel mit γ-Aluminiumoxid (γ-Al_2O_3) als Trägermaterial. Die Metalle werden zunächst in oxidischer Form auf die Al_2O_3-Oberfläche aufgebracht. Dies geschieht durch Porenimprägnierung des γ-Al_2O_3 mit wässrigen Lösungen aus $(NH_4)_6Mo_7O_{24}$, $Co(NO_3)_2$ oder $Ni(NO_3)_2$ und Phosphorsäure mit anschließender Trocknung und Kalzinierung [122, 146]. Der auf diese Weise hergestellte oxidische Katalysator-Vorläufer kann durch Sulfidierung mit einer Mischung aus Wasserstoff und einer schwefelhaltigen Komponente in seine katalytisch aktive Form überführt werden. Die Sulfidierung findet über längere Zeit bei hohen Temperaturen (T > 300 °C) statt. Die gebildeten Metallsulfide zeigen im Vergleich zu den entsprechenden Metalloxiden eine höhere Aktivität. Zur Sulfidierung können Schwefelwasserstoff, Thiophen, Carbondisulfid, Dimethylsulfid oder sogar schwefelhaltiges Öl eingesetzt werden [146].

Von den genannten Metallen besitzt Molybdänsulfid eine wesentlich höhere Aktivität bei der Entfernung von Schwefel-, Stickstoff- und Sauerstoffatomen als Nickel- und Kobaltsulfid, so dass zunächst Molybdänsulfid für den eigentlichen Katalysator gehalten wurde. Befindet sich jedoch außer Molybdänsulfid auch Nickel- oder Kobaltsulfid im Katalysator, so ergibt sich eine wesentlich höhere Aktivität als bei reinem Molybdänsulfid. Demzufolge werden Nickel und Kobalt Promotorfunktionen zugeschrieben. CoMo-Katalysatoren zeigen im Vergleich zu NiMo-Katalysatoren eine höhere Entschwefelungsaktivität bei der hydrierenden Entschwefelung [147]. NiMo-Katalysatoren werden bevorzugt zur Entstickung und zur Absättigung von Aromaten eingesetzt [146]. Ma et al. stellten für die Entschwefelung von leichten Fraktionen eines Gasöls fest, dass mit einem CoMo-Katalysator höhere Umsätze als mit einem NiMo-Katalysator erzielt werden können [148].

Bei der Sulfidierung wird Molybdäntrioxid MoO_3 nahezu vollständig in Molybdändisulfid MoS_2 umgewandelt. MoS_2 bildet an der Al_2O_3-Oberfläche Plättchen, die flach („basal bonding") oder nur mit einer Kante („edge bonding") auf der Al_2O_3-Oberfläche aufliegen (siehe Abb. 3.5) [149].

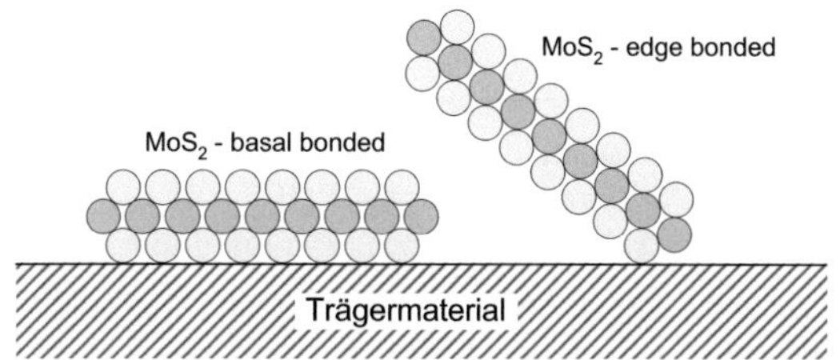

Abb. 3.5: „Basal bonding" und „edge bonding" von MoS₂-Plättchen auf einem Al₂O₃-Träger [nach 149]

Kobalt tritt nach der Sulfidierung in drei Formen auf: als Co_9S_8-Kristallite auf dem Al_2O_3-Träger, als Kobalt-Ionen an den Rändern der MoS_2-Plättchen („Co-Mo-S-Phase") und als Kobalt-Ionen auf den Tetraeder-Plätzen des γ-Al_2O_3-Gitters (Abb. 3.6).

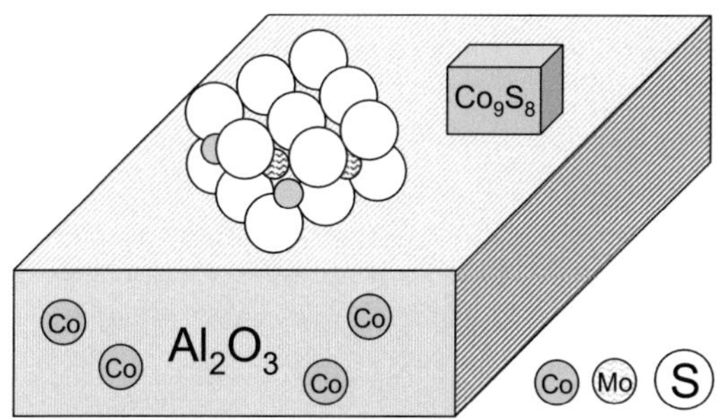

Abb. 3.6: Verschiedene Formen des Kobalts im sulfidierten CoMo-Katalysator [nach 114]

Beide Reaktionswege, d. h. sowohl die Hydrierung als auch die direkte Hydrogenolyse (vgl. Kapitel 3.1), finden konkurrierend statt. Der bevorzugte Reaktionsweg ist abhängig von dem verwendeten Katalysator, den Reaktionsbedingungen und der Art der Schwefelverbindung.

Froment et al. [150] fanden zwei verschiedene aktive Zentren auf dem CoMo-Katalysator. Das eine für den Hydrogenolyseweg („σ-site"), das andere für den Hydrierungsweg („τ-site").

Bezüglich der Art der Schwefelverbindung ist deren sterische Ausprägung ausschlaggebend für den bevorzugten Reaktionsweg [40]. Ein sterisch behindertes Molekül (z. B. 4,6-dimethyl-Dibenzothiophen) tendiert zur „Side-On-Adsorption" auf dem Katalysator, d. h. das in seiner Struktur in einer Raumebene ausgeprägte Molekül adsorbiert mit seiner Fläche [151]. Dadurch läuft bevorzugt der Hydrierungsweg ab. Ein weniger sterisch gehindertes Molekül kann hingegen direkt über das Schwefelatom an der Katalysatoroberfläche adsorbieren („End-On-

Adsorption") [152] und beide Reaktionswege, Hydrierung und direkte Hydrogenolyse, sind möglich.

Neben der Weiterentwicklung der genannten „konventionellen" HDS-Katalysatoren werden Bemühungen unternommen, Katalysatoren auf Edelmetallbasis, wie z. B. Platin, Palladium oder Ruthenium, zu entwickeln [153]. Die Aktivität von Edelmetallkatalysatoren verringert sich in der sulfidischen Form, daher wird ein zweistufiger Prozess mit einer vorherigen Entschwefelung auf Basis von konventionellen HDS-Katalysatoren angestrebt.

3.4 Nebenreaktionen und konkurrierende Adsorption an der Katalysatoroberfläche

Bei der Entschwefelung von Erdöl und von Erdölprodukten laufen verschiedene Reaktionen parallel ab. Im Wesentlichen sind dies, neben der hydrierenden Entschwefelung, die Hydrierung ungesättigter Kohlenwasserstoffe, die hydrierende Entfernung von Stickstoff- und von Sauerstoffverbindungen und das Cracken von langkettigen Kohlenwasserstoffen.

Fossile Brennstoffe bestehen hauptsächlich aus Kohlenwasserstoffen. Diese unterteilen sich in gesättigte, ungesättigte und aromatische Kohlenwasserstoffe. Des Weiteren enthalten fossile Brennstoffe organische Heteroverbindungen, wie Schwefel-, Stickstoff-, Sauerstoff- und Metallverbindungen (siehe auch Kapitel 1.3). Wegen der großen Anzahl an unterschiedlichen Verbindungen mit unterschiedlichen chemischen Eigenschaften kann deren Einfluss auf chemische Reaktionen, wie die hydrierende Entschwefelung, nicht isoliert betrachtet werden und wird häufig unter dem Begriff der beeinflussenden „Ölmatrix" zusammengefasst. Allgemein lässt sich jedoch für den inhibierenden Effekt der verschiedenen Stoffklassen folgende Reihenfolge aufstellen [40]:

> Gesättigte und monozyklische aromatische Kohlenwasserstoffe < kondensierte Aromaten ≈ Sauerstoffverbindungen ≈ Schwefelwasserstoff < organische Schwefelverbindungen < Stickstoffverbindungen.

Im Folgenden werden mögliche Nebenreaktionen einiger oben genannter Verbindungen und deren Einfluss auf die hydrierende Entschwefelung diskutiert.

Einfluss von Aromaten auf die Entschwefelung und Aromatenhydrierung

Im Gegensatz zu den Alkenen, die teilweise schon in der Raffinerie abgesättigt werden, um Polymerisation und Verkokung in nachfolgenden katalytischen Prozessen zu vermeiden, können Aromaten erst bei einem hohen Wasserstoffpartialdruck hydriert werden. Die Hydrierreaktivität der Aromaten nimmt im Allgemeinen mit der Anzahl der aromatischen Ringe (Benzol < Naphthalin < Anthracen) zu. Ferner erhöhen Substituenten die Hydrierungsreaktivität [154].

Aromatische Kohlenwasserstoffe bilden einen großen Bestandteil der flüssigen Brennstoffe (vgl. Tab. 1.1). Aufgrund eines ähnlichen Molekülaufbaus wie der der aromatischen Schwefelverbindungen konkurrieren sie um Adsorptionsplätze auf der Katalysatoroberfläche. Mit steigender Anzahl an aromatischen Ringen im Molekül erhöht sich die inhibierende Wirkung auf die Entschwefelung [155]. Untersuchungen zeigen, dass die hydrierende Entschwefelung an $NiMo/Al_2O_3$- stärker inhibiert wird als an $CoMo/Al_2O_3$-Katalysatoren, da $NiMo/Al_2O_3$-Katalysatoren schneller Aromaten hydrieren, als Schwefelverbindungen umsetzen [156].

Einfluss von Sauerstoffverbindungen auf die Entschwefelung

Sauerstoffverbindungen inhibieren die Entschwefelungsreaktion [40, 157, 158]. Der inhibierende Effekt der Sauerstoffverbindungen wurde für niedrige Konzentrationen mit einem kinetischen Ansatz nach Langmuir-Hinshelwood beschrieben [157]:

$$r_{HDS} = \frac{k\,K_{DBT}\,p_{DBT}\,K_{H_2}\,p_{H_2}}{(1+K_O p_O)^2}. \tag{3.6}$$

Einfluss von Stickstoffverbindungen auf die Entschwefelung und Entstickung

Die hydrierende Entstickung von aromatischen organischen Stickstoffverbindungen, wie beispielsweise Quinolin (Abb. 3.7), setzt im Gegensatz zur hydrierenden Entschwefelung eine vollständige Sättigung des aromatischen Rings voraus. Sie ist aufwendiger als die Entschwefelung und benötigt höhere Temperaturen und einen höheren Wasserstoffpartialdruck.

Die Entstickung von Quinolin erfolgt auf unterschiedlichen Reaktionswegen. Die Hauptprodukte sind Propylbenzol, Propylcyclohexan und Ammoniak.

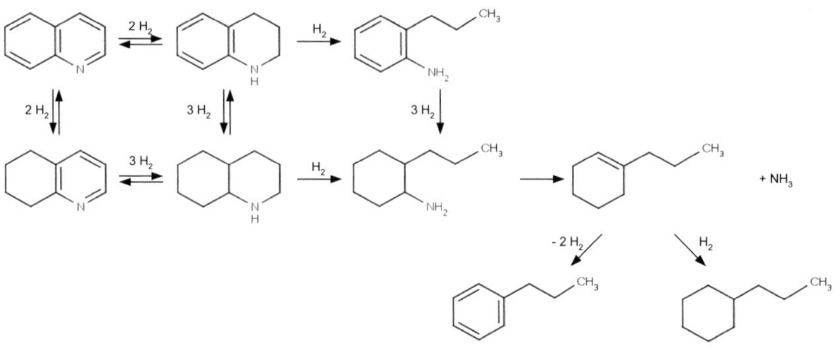

Abb. 3.7: Hydrierende Entschwefelung von Quinolin [nach 159]

Durch konkurrierende Adsorption der Stickstoff- und der Schwefelverbindungen an der Katalysatoroberfläche verringert sich die Reaktionsrate der Entschwefelung [113, 123, 155, 159-163].

Die Stickstoffverbindungen adsorbieren entsprechend ihrer basischen Eigenschaften (Affinität des Protons in der Gasphase) unterschiedlich stark an den aktiven Zentren des Katalysators. Die Wechselwirkung der Stickstoffverbindung mit dem Katalysator nimmt mit der Elektronendichte in der Umgebung des Stickstoffatoms zu und ist bei sauren Katalysatoren besonders stark ausgeprägt. Sie adsorbieren verstärkt an den aktiven Zentren, die die Hydrierung der Schwefelverbindungen katalysieren und inhibieren weniger stark die direkte Hydrogenolyse der Schwefelverbindungen [164]. Dies hat zur Folge, dass der Katalysator selektiv durch Stickstoffverbindungen vergiftet wird, und der hemmende Einfluss bei den sterisch gehinderten Schwefelmolekülen, wie 4,6-Dimethyldibenzithiophen, am stärksten ist [164]. Experimentelle Untersuchungen mit leichtem Gasöl [155] lassen prinzipiell ähnliche Schlussfolgerungen zu wie mit Modellsubstanzen.

Um den hemmenden Einfluss der Stickstoffverbindungen auf die Kinetik der hydrierenden Entschwefelung zu beschreiben, wird meist ein Langmuir-Hinshelwood-Ansatz verwendet [164] (vgl. Gl. 3.6).

Cracken und Hydrocracken

Als Nebenreaktion der HDS können auch Crackreaktionen mit anschließender Koksbildung ablaufen. Organische Schwefelverbindungen verhalten sich dabei ähnlich wie reine Kohlenwasserstoffe, und die Crackreaktion ist thermodynamisch begünstigt [165]. HDS-Katalysatoren, die auf einen Aluminiumoxidträger aufgebracht sind, zeigen aufgrund fehlender Acidität nur eine geringe Aktivität für das Cracken oder das Hydrocracken von Kohlenwasserstoffen bzw. von organischen Schwefelverbindungen [166].

Muralidhar et al. zeigten, dass ein CoMO/Al$_2$O$_3$-Katalysator bis 400 °C nur eine sehr geringe Aktivität für das Cracken von Cumol hat [167]. Jedoch sind das Cracken und die Koksbildung stark abhängig von der Molekülstruktur, und die Reaktivität der Koksbildung nimmt mit dem aromatischen Charakter zu. Bartholomew [168] ordnet die Reaktivität der unterschiedlichen Kohlenwasserstoffe wie folgt:

Polyaromaten > Aromaten > Olefine > verzweigte Alkane > Alkane.

Die Katalysatorzusammensetzung und die Porenstruktur beeinflussen auch die Katalysatorverkokung. Eine geringe Porengröße begünstigt eine Katalysatordeaktivierung durch Verkokung [168], und ein hoher Wasserstoffpartialdruck verringert aufgrund einer höheren Hydrierungsrate der Koksablagerungen und deren Zwischenprodukte die Verkokungswahrscheinlichkeit. Forzatti und Lietti [169] geben hierzu an, dass die Standzeit des Katalysators in etwa proportional zum quadratischen Wasserstoffpartialdruck ist.

Experimente von Schmitz [170] mit Modellöl und realem Dieselöl zeigten einen Umsatz durch Crackreaktionen von bis zu einem Prozent. Der durch Crack- und Umlagerungsreaktionen gebildete Wasserstoff würde stöchiometrisch für eine vollständige hydrierende Umsetzung der Schwefelverbindungen ausreichen. Jedoch würde eine allmähliche Verkokung der Katalysatoroberfläche den Katalysator deaktivieren und die Standzeiten verkürzen.

Wassergas-Shift-Reaktion

Die Wassergas-Shift-Reaktion (WGS), auch Konvertierung genannt, wird seit Ende des 19. Jahrhunderts im Rahmen der Stadtgasherstellung angewandt. Wirtschaftliche Bedeutung erlangte sie ab 1915 als Teil des Haber-Bosch-Verfahrens zur Gewinnung von Ammoniak [81].

Im Vergleich zu Raffinerien steht in Brennstoffzellensystemen häufig kein reiner Wasserstoff für die hydrierende Entschwefelung zur Verfügung. Bei der Nutzung von Prozessgas anstatt von reinem Wasserstoff als Hydriermittel für die HDS läuft zusätzlich die WGS-Reaktion ab (vgl. Rgl. 1.10). Diese Reaktion ist wie die Entschwefelung exotherm. Unter den typischen Bedingungen für die Entschwefelung in der Gasphase liegt das Gleichgewicht der WGS auf der Produktseite, und das Kohlenstoffmonoxid aus der Reformierung kann mit Wasserdampf im HDS- Reaktor zu Wasserstoff und Kohlenstoffdioxid umgesetzt werden (Abb. 3.8). Somit kann mittels der WGS der Wasserstoffpartialdruck in situ erhöht und die Entschwefelungsreaktion beschleunigt werden.

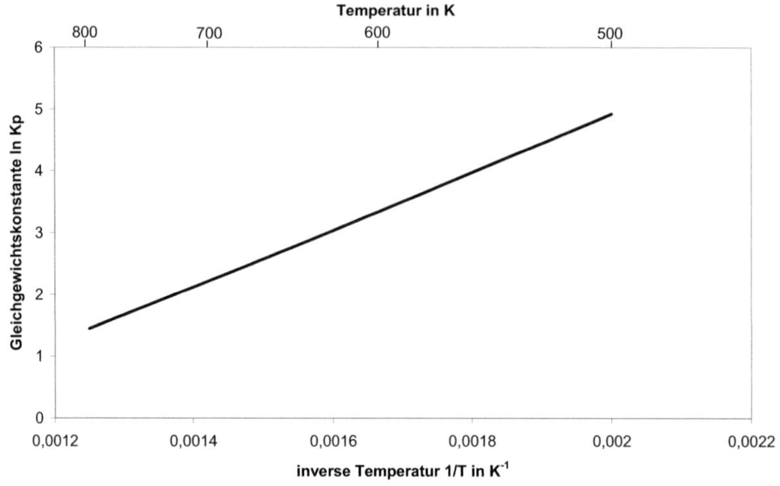

Abb. 3.8: Gleichgewichtskonstante der Wassergas-Shift-Reaktion (WGS)

Die Reaktion, die ansonsten bei einer Hochtemperatur-WGS (320 °C < T < 350 °C) an Eisenoxid- und Chromoxidkatalysatoren abläuft [171], findet dabei zusammen mit der eigentlichen Entschwefelungsreaktion an einem HDS-Kontakt statt.

MoO_3 und Co-Mo auf Aluminiumoxid erweisen sich in Anwesenheit von Schwefel im Vergleich zu WGS-Katalysatoren und anderen Hydrierkatalysatoren auf Metalloxidbasis (z. B. Fe_2O_3 Cr_2O_3 und NiO) als relativ gute WGS- und Hydrierkatalysatoren [172]. Dabei hat die sulfidierte Form eine höhere Aktivität für die WGS aufzuweisen als die oxidische Form des Katalysators [173, 183]. Fu et al. [176] konnten über Versuche mit Deuterium nachweisen, dass sowohl der reine Wasserstoff als auch der in situ gebildete Wasserstoff an der Hydrierreaktion teilnehmen. Außerdem zeigten Versuche zur hydrierenden Entstickung an einem NiMo-Kontakt mit In-situ-WGS eine Reaktionsbeschleunigung [174, 175].

Eine separate Zugabe von Wasser und von CO verringert die Reaktionsgeschwindigkeit der hydrierenden Entschwefelung [176, 177, 185]. Widersprüchlich dazu ergaben Messungen von Akgerman et al. [178, 179], dass eine In-situ-WGS die Entschwefelung von Benzothiophen und Dibenzothiophen etwas beschleunigt. Auch Messungen von Ng et al. zeigten bei bestimmten Versuchsbedingungen eine Beschleunigung der Entschwefelungsreaktion von Benzothiophen und Dibenzothiophen durch eine In-situ-WGS [180-182].

Begründet wird die verlangsamte Reaktionsgeschwindigkeit mit einer konkurrierenden Adsorption von CO, CO_2, H_2O und der Schwefelverbindung um dieselben aktiven

Zentren auf der Katalysatoroberfläche [183-185], wobei Thiophen stellvertretend auch für höher substituierte Thiophenverbindungen angesehen werden kann.

Die Reaktionsgeschwindigkeit der WGS an einem MoO-Kontakt wurde von Hou et al. mit einem Langmuir-Hinshelwood Ansatz modelliert [183]:

$$r_{WGS} = \frac{k\,K_{CO}p_{CO}K_{H_2O}p_{H_2O}}{(1+K_{CO}p_{CO}+K_{H_2O}p_{H_2O})^2}\,.$$ (3.2)

Lee et al. [185] untersuchten die Kinetik der Entschwefelungsreaktion von Thiophen mit in situ gebildetem Wasserstoff einer WGS-Reaktion an einem CoMo-Katalysator und verglichen diese mit der konventionellen Entschwefelung mit reinem Wasserstoff. Der Umsatz an Thiophen bei der Entschwefelung mit in situ hergestelltem Wasserstoff ist deutlich geringer. Die Hemmung der Gasbestandteile wurde in folgendem kinetischen Ansatz berücksichtigt:

$$r_{HDS} = \frac{k\,K_{H_2}p_{H_2}K_T p_T}{(1+K_{H_2}p_{H_2}+K_T p_T+K_{H_2O}p_{H_2O}+K_{CO}p_{CO}+K_{CO_2}p_{CO_2}+K_{H_2S}p_{H_2S})^2}\,.$$ (3.2)

Messungen zur Adsorption der einzelnen Gase an einem CoMo-Kontakt und zur Bestimmung der Reaktionskinetik ergaben, dass Wasser die größte Adsorptionskonstante hat. Die Adsorptionskonstanten nehmen zwischen den Temperaturen 250 °C < T < 300 °C in folgender Reihenfolge ab [185]:

$$K_{H2O} > K_{CO} > K_T > K_{CO2}.$$

Der inhibierende Effekt von Wasser wird mit steigender Temperatur im Vergleich zu Kohlenstoffmonoxid geringer (Tab. 3.1), und das Verhältnis beider Adsorptionskonstanten beträgt 3,2 bei T = 375 °C.

Tab. 3.1: Inhibierender Einfluss von Wasser im Vergleich zu Kohlenstoffmonoxid auf die HDS

T in °C	$K_{H2O}\,/\,K_{CO}$	Quelle
250	9,9	[185]
270	7,3	
280	5,7	
300	5,1	
375	3,2	[185]

Eine weitere mögliche Reaktion, die Methanisierung, läuft, im Vergleich zu Blindversuchen ohne Schwefelkomponenten im Feed, in einer Synthesegasatmosphäre an einem NiMo-Katalysator nur geringfügig ab [176].

4 Untersuchungen zur hydrierenden Entschwefelung

Die experimentelle Untersuchung wurde an einer Laboranlage durchgeführt. Ein Teil der Laboranlage, der Anlagenteil zur hydrierenden Entschwefelung, wurde bereits für Untersuchungen zur hydrierenden Entschwefelung von Dieselöl in einem Rieselbett genutzt [186]. Damit Versuche zur Entschwefelung von teilverdampften Brennstoffen durchgeführt werden können, wurde die Laboranlage umgebaut und erweitert.

4.1 Beschreibung der Laboranlage

Die Laboranlage setzt sich aus vier Hauptteilen, der Eduktförderung (Gasdosierung und Kerosinpumpe), dem Verdampfungssystem, dem Entschwefelungsreaktor und dem Probeentnahmesystem zusammen (vgl. Abb. 4.1).

Die Gasdosierung besteht aus zwei Massendurchflussreglern (MFC) der Firma Brooks (Modell 5850s). Um Wasserdampf beimengen zu können, wurde ein am Engler-Bunte-Institut gebauter Wasserverdampfer implementiert (siehe Anhang A.2). Der flüssige Brennstoff wird mit einer Kolbenpumpe (P1) vom Typ LCP 4020 der Firma ECOM gefördert. Das Verdampfungssystem setzt sich aus einer Vorheizstrecke, einer Rohrwendel und einem Abscheider (A1) zusammen. Die Rohrwendel und der Abscheider (A1) sind zur Thermostatisierung in einem Laborofen (O1) eingebaut. Die Auslegungsdaten der Rohrwendel befinden sich in Anhang A.1. Durch die Verwendung eines Laborofens können lokale Übertemperaturen und somit die Verkokung des Einsatzstoffes vermieden werden. Bereits in der Vorheizstrecke wird der für die Entschwefelung benötigte Wasserstoff dem Brennstoffstrom zugemischt, um den Partialdruck des Brennstoffdampfes abzusenken. Dadurch kann der Brennstoff bei geringeren Temperaturen verdampft werden. Des Weiteren können mit dem Wasserstoff Crackstellen abgesättigt werden, und das Cracken wird unterdrückt. Die Vorheizstrecke erhitzt das Brennstoff-Gas-Gemisch auf ca. 150 °C. In der Rohrwendel wird der Brennstoff allmählich partiell verdampft, anschließend wird die restliche Flüssigphase von der Gasphase in einem Abscheider abgetrennt. Das Brüden-Wasserstoffgemisch wird aus dem Abscheider über beheizte Rohrleitungen entweder dem Reaktor (R1) oder einem Abscheider (A2) zugeführt. Vor dem Kondensator (A2) besteht die Möglichkeit, den Volumenstrom des Destillats zu bestimmen und Destillatproben zu entnehmen. Der Druck wurde über einen Vordruckregler der Firma Brooks (Modell 5866) eingestellt.

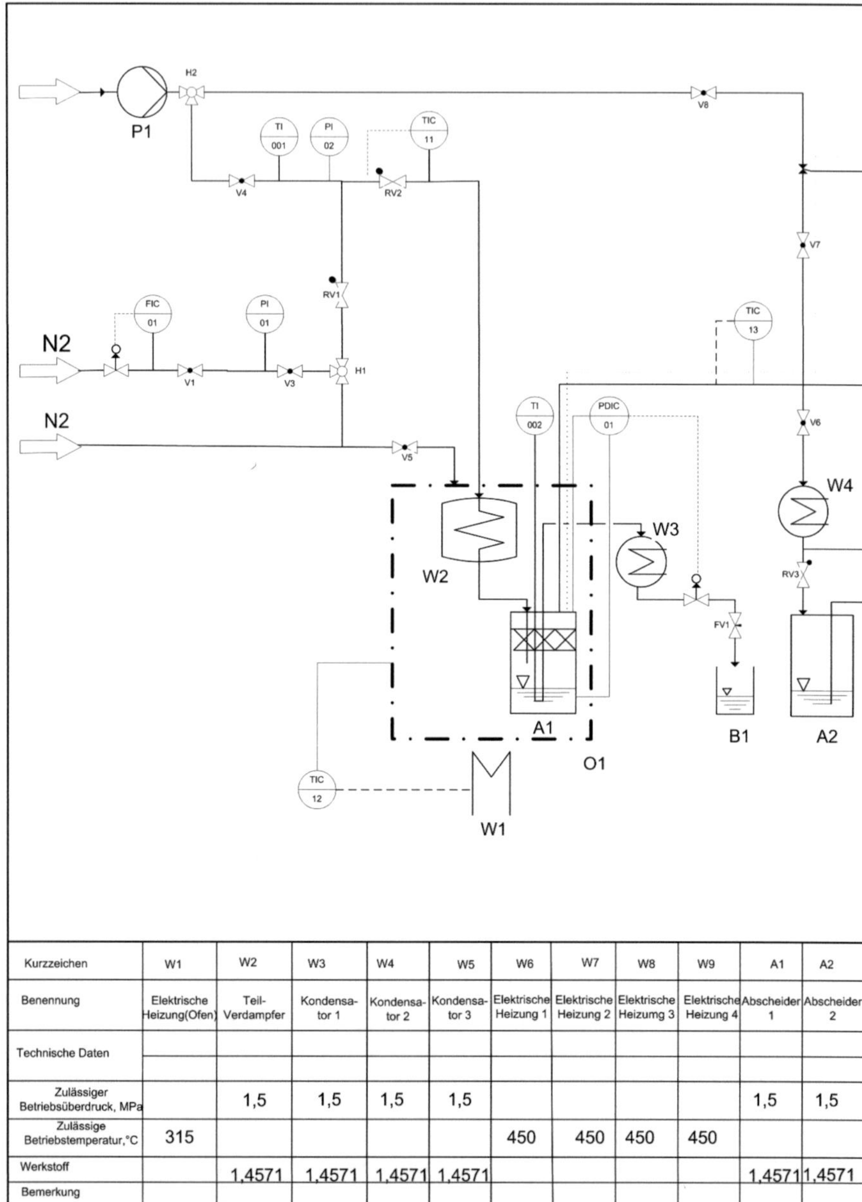

Kurzzeichen	W1	W2	W3	W4	W5	W6	W7	W8	W9	A1	A2
Benennung	Elektrische Heizung(Ofen)	Teil-Verdampfer	Kondensator 1	Kondensator 2	Kondensator 3	Elektrische Heizung 1	Elektrische Heizung 2	Elektrische Heizumg 3	Elektrische Heizung 4	Abscheider 1	Abscheider 2
Technische Daten											
Zulässiger Betriebsüberdruck, MPa		1,5	1,5	1,5	1,5					1,5	1,5
Zulässige Betriebstemperatur,°C	315					450	450	450	450		
Werkstoff		1,4571	1,4571	1,4571	1,4571					1,4571	1,4571
Bemerkung											

Abb. 4.1: Laboranlage zur Teilverdampfung und hydrierenden Entschwefelung von flüssigen Brennstoffen

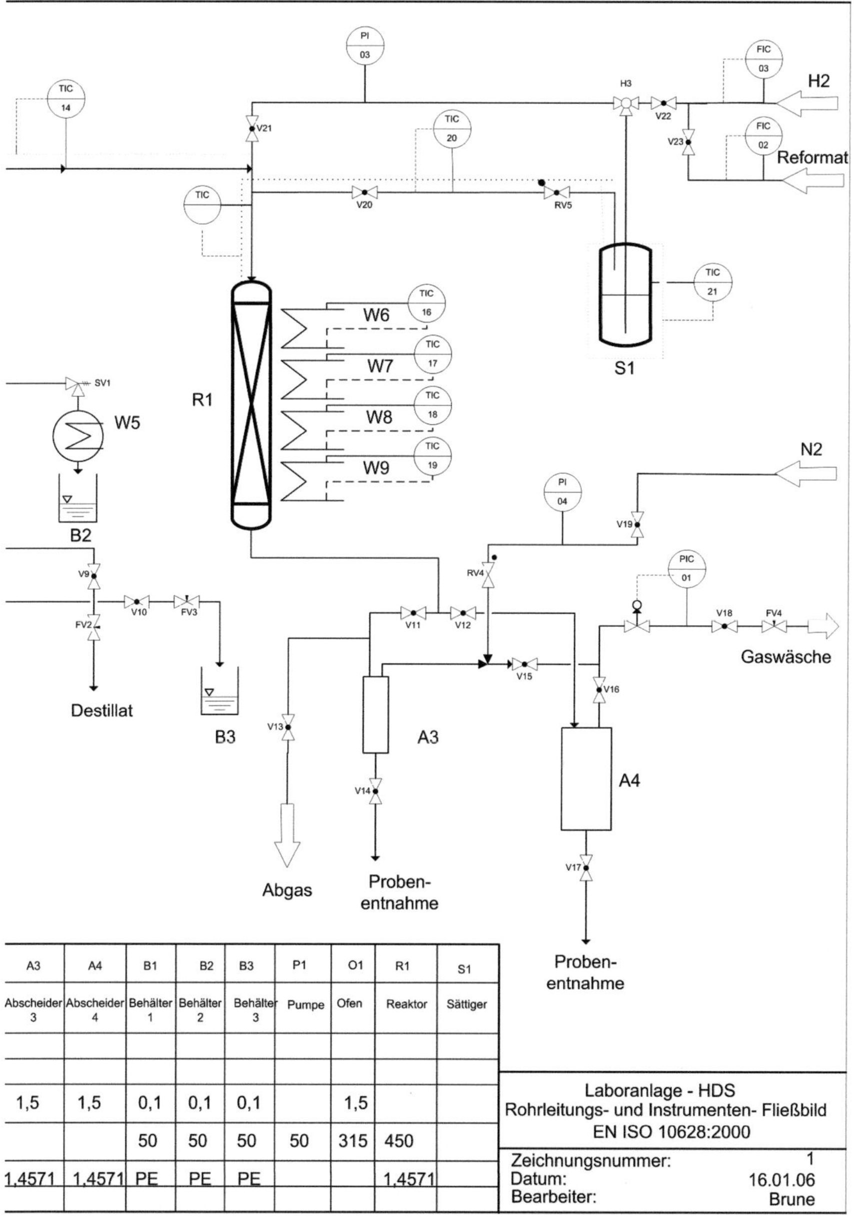

A3	A4	B1	B2	B3	P1	O1	R1	S1	
Abscheider 3	Abscheider 4	Behälter 1	Behälter 2	Behälter 3	Pumpe	Ofen	Reaktor	Sättiger	
1,5	1,5	0,1	0,1	0,1		1,5			Laboranlage - HDS Rohrleitungs- und Instrumenten- Fließbild EN ISO 10628:2000
		50	50	50	50	315	450		
1,4571	1,4571	PE	PE	PE			1,4571		Zeichnungsnummer: 1 Datum: 16.01.06 Bearbeiter: Brune

Die Temperatur der Reaktorbeheizung wird mit Hilfe von vier Temperaturreglern der Firma Eurotherm (Typ 2132) reguliert. Damit kann eine konstante gleichmäßige Temperatur über die Reaktorlänge eingestellt werden. Der Entschwefelungsreaktor (siehe Abb. 4.2) hat einen Durchmesser von 19 mm und eine Länge von 600 mm. Er ist mit einem CoMo-Katalysator der Partikelfraktion von $0,8 < d_p < 1$ mm (Firma Süd-Chemie) gefüllt.

Nach dem Reaktor sind zwei Abscheider (A3, A4) eingebaut, einer für die Probenentnahme und einer für den kontinuierlichen Betrieb. Der noch in der entnommenen Probe gelöste Schwefelwasserstoff wird im Abscheider A3 mit Stickstoff ausgetrieben.

Das Abgas, das außer Wasserstoff auch Schwefelwasserstoff enthält, wird einer Gaswäsche zur H_2S-Absorption zugeführt.

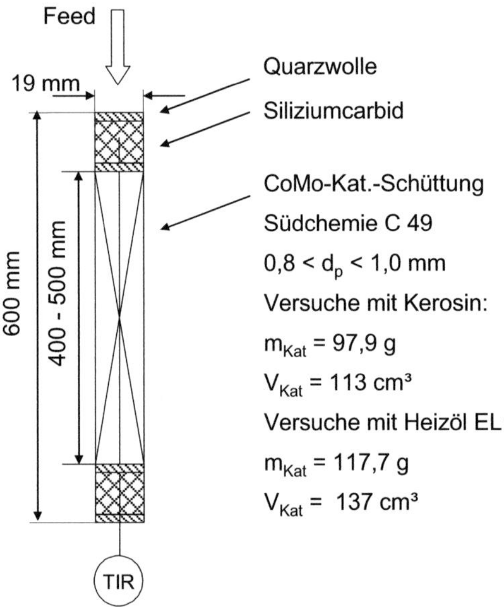

Abb. 4.2: Schematischer Aufbau des HDS-Reaktors

4.2 Katalysatoraktivierung

Der im Rahmen dieser Arbeit verwendete CoMo-Katalysator des Typs C 49 wurde von der Firma Süd-Chemie in oxidischer Form als 3 mm Extrudate geliefert. Ein Auszug aus dem Datenblatt des Herstellers befindet sich in Anhang A.3.

Die Aktivierung des Katalysators erfolgte mit einem Schwefelwasserstoff/ Wasserstoff-Gemisch. Der Schwefelwasserstoffanteil betrug 10 Vol.-%. Um eventuell vorhandene Restluft aus der Anlage zu verdrängen, wurde der Reaktor vor der Aktivierung zunächst eine Stunde lang mit Stickstoff gespült. Danach wurde der Reaktor fünf Stunden lang bei 150 °C mit reinem Wasserstoff gespült und der Katalysator getrocknet. Anschließend wurde die Katalysatorschüttung mit dem sulfidierenden Gemisch durchströmt und mit 4 °C/min von 150 °C auf 400 °C aufgeheizt. Bei der Endtemperatur wurde das Sulfidierungsmittel weitere vier Stunden durch den Reaktor geleitet.

4.3   Versuchsdurchführung

Um reproduzierbare Ergebnisse zu erzielen, wurden die Versuche jeweils in zwei Teilschritte unterteilt. Zuerst wurde der Brennstoff partiell verdampft, kondensiert und als Kondensat in Behältern gesammelt. Anschließend wurde der Schwefelanteil der gesammelten Fraktionen bestimmt. Für die Versuche zur Untersuchung der HDS-Reaktion wurde das Kondensat dann wieder vollständig verdampft.

4.3.1   Versuche zur Teilverdampfung

Der Brennstoff wird über die Kolbenpumpe (P1) in den Teilverdampfer gefördert. Bereits in der Vorheizstrecke wird dem Ölstrom Stickstoff zugemischt. Die Vorheiz-strecke erhitzt das Öl-Gas-Gemisch auf ca. 150 °C. In der Rohrwendel wird das Öl allmählich partiell verdampft, und anschließend wird die restliche Flüssigphase im Abscheider (A1) von der Gasphase abgetrennt. Das Brüden-Stickstoff-Gemisch wird aus dem Abscheider in das Entnahmesystem geführt und auskondensiert. Dabei wird das Destillat in einem Behälter aufgefangen. Der Abscheider (A1) füllt sich im Laufe der Versuche mit ca. 300 bis 500 ml Rückstand auf.

Vor den Versuchen an der Laboranlage wurden Versuche zur Bestimmung des Siedeverlaufs des flüssigen Brennstoffs nach EN ISO 3405 durchgeführt. Hierbei wird in einem Destillierkolben 100 ml Öl vorgelegt. Der Brennstoff wird so aufgeheizt, dass während des Destillationsvorgangs 5 ml Destillat pro Minute in der Vorlage aufge-fangen werden. Die Siedetemperatur wurde sowohl bei Siedebeginn und bei Destilla-tionsende als auch während der Destillation bei jeder Zunahme der Destillatmenge um 5 ml erfasst. Das Destillat wurde in 10 ml-Fraktionen aufgefangen. Der Schwefel-anteil der einzelnen Fraktionen und des Destillationsrückstands wurde anschließend mittels Wickboldverbrennung bestimmt.

4.3.2 Versuche zur Entschwefelung

Bei den Versuchen zur Entschwefelung werden unterschiedliche Siedeschnitte, die durch vorherige Teilverdampfung gewonnen wurden, über eine Vorheizstrecke direkt über eine Pumpe in den Reaktor geführt. Vor dem Eintritt in den Reaktor wird der Brennstoff in der Vorheizstrecke verdampft und mit dem Gasgemisch aus der Gasdosierung vermischt. Das Produkt wird im Abscheider A3 teilweise auskondensiert, das flüssige Produkt wird abgetrennt, und das Restgas (H_2, H_2S, CO, CO_2, H_2O und geringe Mengen an flüchtigen Kohlenwasserstoffen) wird der Gaswäsche zur H_2S-Absorption zugeführt. Der Schwefelanteil in den einzelnen Proben wurde mit einem Gaschromatographen mit schwefelselektivem Detektor bestimmt. Je Messpunkt wurden drei Proben entnommen. Die Begleitgase wurden mit einem Micro-Gaschromatographen bestimmt.

4.4 Analytik

Der Gesamtschwefelanteil des ursprünglichen Brennstoffs wurde mit einer Wickboldverbrennung nach DIN EN 41 gemessen. Für die Bestimmung individueller Schwefelverbindungen und des Gesamtschwefels der Brennstoffproben nach der Entschwefelung wurde ein Kapillargaschromatograph der Firma Varian (Typ GC 3400 cx) verwendet. Eine ausführliche Beschreibung des Gaschromatographen und die verwendeten Bedingungen sind in Anhang A.4 zu finden.

Um die Schwefelmenge quantifizieren zu können, wurde für die Kerosinproben eine Lösung von Benzothiophen in Hexan und für die Heizölproben eine Lösung von Dibenzylsulfid (DBS) in Dekan als Standard eingesetzt. In Abb. 4.3 ist beispielhaft ein Chromatogramm der Heizölfraktion Xv $\leq$ 60 % dargestellt. Die Peaks von Benzothiophen, Dibenzothiophen und des Standards DBS sind mit Pfeilen gekennzeichnet.

Aufgrund der geringen Konzentrationen der einzelnen Schwefelverbindungen und der damit verbundenen Messungenauigkeit wurden die einzelnen Schwefelverbindungen (Edukte und Produkte) in Schwefelverbindungsklassen zusammengefasst (auch „lumping" genannt). Die Einteilung von organischen Verbindungen in Klassen, z. B. nach der Molekularmasse, dem Siedepunkt oder der Reaktivität, wird häufig bei der Beschreibung des katalytischen Crackens angewandt [187]. Dementsprechend werden auch Schwefelverbindungen in Klassen zusammengefasst. Beispielsweise haben Hu et al. [188], Tam et al. [189] und Valla et al. [190] die Schwefelverbindungen in einem FCC-ÖL in drei Gruppen gemäß ihrer Siedetemperatur bzw. ihrer Reaktivität unterteilt. Song et al. [75] bevorzugen eine Einteilung in vier Gruppen. Während der Probenanalyse und der Versuchsauswertung zeigte sich, dass bei Schwefelkonzentrationen nahe der Nachweisgrenze eine Einteilung der Schwefelverbindungen in mehr als drei Verbindungsklassen nicht sinnvoll ist.

Die Schwefelverbindungen (SV) wurden für die Versuchsauswertung in drei Klassen unterteilt: Schwefelverbindungen mit einer Siedetemperatur bzw. einer Retentionszeit kleiner BT (SV ≤ BT), Schwefelverbindungen mit einer Siedetemperatur bzw. einer Retentionszeit kleiner DBT (BT < SV ≤ DBT) und Schwefelverbindungen mit einer Siedetemperatur bzw. einer Retentionszeit größer als DBT (SV > DBT) (siehe auch Abb. 4.3).

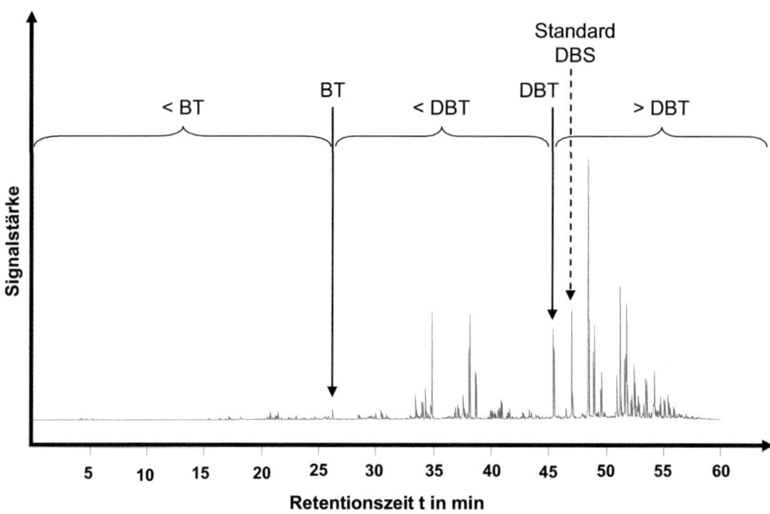

Abb. 4.3:   Chromatogramm der 60 %-Siedefraktion mit Standard Dibenzylsulfid (DBS)

Bei den Versuchen mit Modellreformat wurde die Abgaszusammensetzung online mit einem Micro-Gaschromatographen (Varian, Typ CP-4900) bestimmt. Die Gase wurden in vier unabhängigen Säulen nach einer gaschromatographischen Trennung mit je einem Wärmeleitfähigkeitsdetektor (siehe Anhang A.4) quantitativ analysiert. Jede Säule ist für einen Trennbereich optimiert. Eine Molsiebsäule mit einer Länge von 10 m trennt H_2, O_2, N_2, Methan und CO, und eine offene poröse Trennsäule (Pora Plot Q (Porous Layer Open Tubular), L = 10 m) analysiert CO_2, C_2- bis C_4-Kohlenwasserstoffe, und H_2O. C_4- bis C_{12}-Kohlenwasserstoffe werden mit einer Dimethylpolysiloxan-Trennsäule (CP-Sil 5 CB, L = 8 m) getrennt. Eine Al_2O_3- Trennsäule (L = 10 m) trennt die C_2-Kohlenwasserstoffe. Die verwendeten Chromatographiebedingungen befinden sich in Anhang A.4. Die 5 CB- und die Al_2O_3-Trennsäule wurden im Rahmen dieser Arbeit nicht verwendet.

Der Micro-Gaschromatograph wurde vor den Versuchen mit Prüfgasen unterschiedlicher Zusammensetzung kalibriert. Für jeden Messpunkt wurden mindestens sechs Gasproben entnommen und analysiert.

Da das Produktgas nach dem Entschwefelungsreaktor und dem Wasserabscheider analysiert wurde, mussten die Gasanteile des feuchten Gases über eine Stoffmengenbilanz bestimmt werden (siehe Anhang F).

4.5 Versuchsauswertung

Da der apparative Aufwand für die Variation der Katalysatormasse vergleichsweise hoch ist, wurde die Reaktionsgeschwindigkeit über eine Variation der Verweilzeit τ bestimmt. Bei den Laborversuchen wird dies durch das Einstellen der Gasvolumenströme erreicht.

Für die Reaktorbilanz wird die Stoffmenge n über den Reaktor bilanziert:

$$\frac{\partial s}{\partial t} = -\nabla \vec{\varphi} + q \qquad (4.1)$$

Vereinfachend wird angenommen, dass die Reaktion homogen in der Gasphase stattfindet. Die Stoffbilanz für eine beliebige Komponente i einphasiger Systeme ergibt sich mit einer Reaktionsgeschwindigkeit:

$$r_j = \frac{1}{m_{Kat}} \frac{d\xi_j}{dt}, \qquad (4.2)$$

die auf die Katalysatormasse bezogen ist, zu:

$$\frac{\partial c_i}{\partial t} = -\nabla(c_i \cdot \vec{w}) + \nabla(D_i \cdot \nabla c_i) - \frac{m_{Kat}}{V_{R,Gas}} \sum_j (v_{i,j} \cdot r_j). \qquad (4.2)$$

Unter der Annahme eines idealen Pfropfstromreaktors kann die axiale Dispersion gegenüber der Konvektion vernachlässigt werden. Mit den weiteren Annahmen einer eindimensionalen Strömung ($\vec{w} = w_z$), eines stationären Zustandes ($\frac{\partial c_i}{\partial t} = 0$) und unter der Vernachlässigung von Volumenänderungen im Reaktor ergibt sich folgender Ausdruck:

$$w_z \frac{dc_i}{dz} = -\frac{m_{Kat}}{V_R} \sum_j (v_{i,j} \cdot r_j). \qquad (4.4)$$

z ist die Längskoordinate des Reaktors. Mit dem Reaktorquerschnitt A_R und dem Gasvolumenstrom ${}^V\Phi_{Gas}$ sowie den Beziehungen

$$w_z = \frac{{}^V\Phi_{Gas}}{A_R} \qquad (4.5)$$

und

$$V_R = z \cdot A_R \qquad (4.6)$$

ergibt sich eingesetzt in Gleichung (4.4):

$$\frac{dc_i}{d(\frac{m_{Kat}}{v_{\Phi_{Gas}}})} = -\sum_j (v_{i,j} \cdot r_j) . \qquad (4.7)$$

Mit der Definition der modifizierten Verweilzeit:

$$\tau_{mod} = \frac{m_{Kat}}{v_{\Phi_{Gas}}} \qquad (4.8)$$

ergibt sich aus Gleichung (4.7) ein Ausdruck für Konzentrationsänderung dc_i der Komponente i in Abhängigkeit von der Reaktionsgeschwindigkeit r_j und von der modifizierten Verweilzeit τ_{mod}:

$$\frac{dc_i}{d\tau_{mod}} = \sum_j (v_{i,j} \cdot r_j) . \qquad (4.9)$$

4.6 Modellierung der Reaktionskinetik

Die Entschwefelungsreaktionen der einzelnen Schwefelverbindungsgruppen wurden mit einem modifizierten Langmuir-Hinshelwood-Ansatz (vgl. Kapitel 3.4) nachgebildet:

$$r_{S,i} = \frac{k_{S,i} K_{H_2} p_{H_2} K_{S,i} p_{S,i}}{(1 + K_{H_2} p_{H_2} + K_{H_2S} p_{H_2S} + K_{S,i} p_{S,i} + \sum_j K_{S,j} p_{S,j})^2} . \qquad (4.10)$$

Für die Darstellung der Reaktionen mit In-situ-WGS wurde folgender Ansatz, basierend auf dem Ansatz von Lee et al. [185], verwendet:

$$r_{S,i} = \frac{k_{S,i} K_{H_2} p_{H_2} K_{S,i} p_{S,i}}{(1 + K_{H_2} p_{H_2} + \sum_i K_{WGSR,i} p_{WGSR,i} + K_{H_2S} p_{H_2S} + K_{S,i} p_{S,i} + \sum_j K_{S,j} p_{S,j})^2} . \qquad (4.11)$$

Für die Startwerte der Koeffizienten i der Reaktionsgeschwindigkeiten der Schwefelverbindungsgruppen wurden Werte aus der Literatur entnommen [150].

Die Adsorptionskoeffizienten K wurden dann sowohl zunächst an die Ergebnisse der Verweilzeitvariation ohne WGS-Reaktion als auch an die Ergebnisse der Verweilzeitvariation mit WGS-Reaktion angepasst.

Nachdem sich zeigte, dass die Partialdrücke der Schwefelkomponenten der Verbindungsgruppe SV > DBT einen bestimmten Grenzwert nicht überschritten, wurde für diese Gruppe eine Gleichgewichtslimitierung berücksichtigt, indem eine Rückreaktion der Kohlenwasserstoffverbindungen zu den Schwefelkomponenten der Verbindungsgruppe SV > DBT mit einbezogen wurde. Die Gleichung (4.10) bzw. (4.11) wurde entsprechend modifiziert:

$$r_{>DBT} = \frac{k_{>DBT} K_{H_2} p_{H_2} K_{>DBT} p_{>DBT} - k_{KW} K_{KW} p_{KW}}{(1 + K_{H_2} p_{H_2} + K_{H_2S} p_{H_2S} + K_{>DBT} p_{>DBT} + K_{KW} p_{KW} + \sum_j K_{S,j} p_{S,j})^2} \quad (4.12)$$

Der Index KW steht für sämtliche partiell hydrierten Schwefelverbindungen, die beim ersten Schritt des Hydrierungsweges entstehen können.

Gleichung (4.11) wurde um dieselben Ausdrücke ergänzt, so dass sich für die Verbindungsgruppe SV > DBT mit In-situ-WGS ergab:

$$r_{>DBT} = \frac{k_{>DBT} K_{H_2} p_{H_2} K_{>DBT} p_{>DBT} - k_{KW} K_{KW} p_{KW}}{(1 + K_{H_2} p_{H_2} + K_{H_2S} p_{H_2S} + \sum_i K_{WGSR,i} p_{WGSR,i} + K_{>DBT} p_{>DBT} + K_{KW} p_{KW} + \sum_j K_{S,j} p_{S,j})^2}$$

$$(4.13)$$

Obwohl auch für die Verbindungsgruppe SV ≤ DBT gemäß Kapitel 3.1 eine Reaktion über den Hydrierungsweg möglich wäre, wurde hier auf die Modellierung eines Gleichgewichtsschrittes verzichtet. Dies geschah in Übereinstimmung mit den Messwerten, die für diese Gruppe auch vollständigen Umsatz ergaben.

Die Anpassung der Modellparameter wurde mit einem selbstgeschriebenen Programm, basierend auf der Software *Matlab,* durchgeführt (siehe Anhang F).

5 Versuchsergebnisse

5.1 Mitteldestillat-HDS in der Gasphase

5.1.1 Vorversuche

Im Rahmen der vorliegenden Arbeit wurden zwei Flugtreibstoffe (Jet A-1) und zwei extraleichte Heizöle (Heizöl EL) im Hinblick auf die hydrierende Entschwefelung in der Gasphase experimentell untersucht. Um die Einsatzstoffe näher zu charakterisieren und vergleichend gegenüber zu stellen, wurde mittels Engler-Destillation (nach EN ISO 3405) der jeweilige Siedeverlauf bestimmt (siehe Abb. 5.1). Von den vorgelegten Mitteldestillaten wurden je zehn Destillatfraktionen abgetrennt und anschließend deren Schwefelanteile mittels einer Verbrennung nach Wickbold (EN 24260) bestimmt (siehe Abb. 5.2).

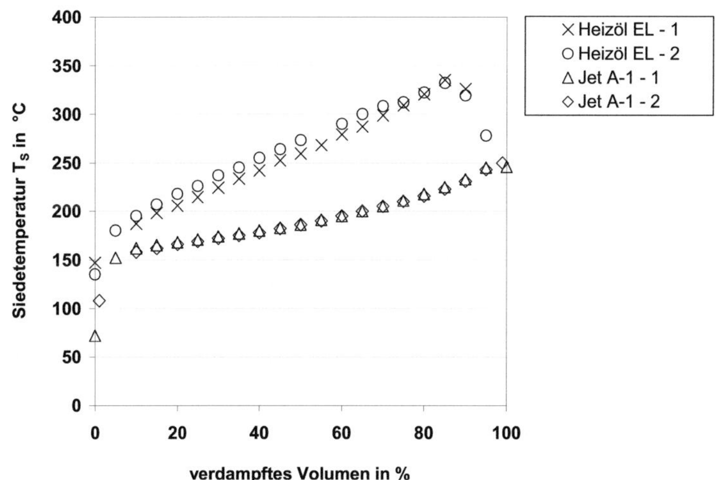

Abb. 5.1: Siedeverläufe der Jet A-1 und der Heizöl EL Proben

67

Die Siedeverläufe der jeweiligen Einsatzstoffe aus der Engler-Destillation ergaben einen charakteristisch stetig ansteigenden Verlauf für Mitteldestillate. Bei höheren Siedetemperaturen, insbesondere bei Heizöl EL, setzte thermisches Cracken ein, und die Siedetemperatur fiel ab. Die Siedeverläufe der Flugtreibstoffe lagen nahezu deckungsgleich übereinander. Der Siedeverlauf des Heizöls EL-2 liegt etwas oberhalb des Siedeverlaufs des Heizöls EL-1 und ist somit etwas „schwerer". Die Schwefelanalyse mittels Wickbold ergab, dass das Heizöl EL-2 auch einen höheren Schwefelanteil aufweist (vgl. Abb. 5.2).

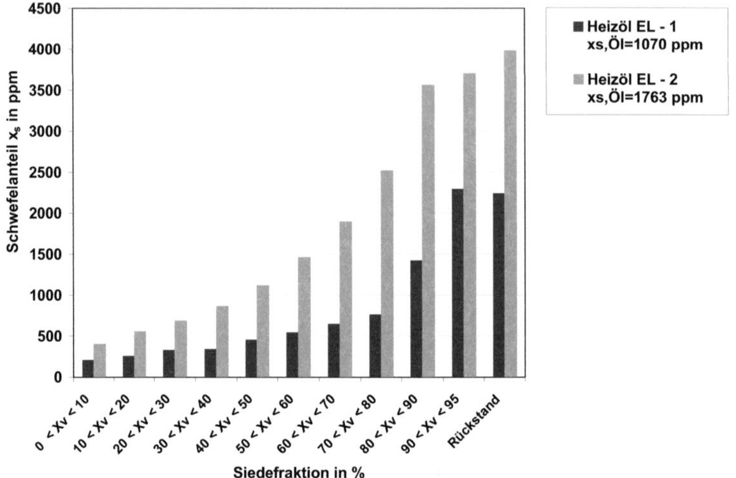

Abb. 5.2: Schwefelanteile einzelner Fraktionen der Heizölproben. Der Schwefelanteil der Ausgangsheizöle betrug $x_{S,Öl-1} = 1070\ ppm$ und $x_{S,Öl-2} = 1763\ ppm$

Der Schwefelanteil der Flugtreibstoffe ist geringer als der Schwefelanteil der Heizöle (vgl. Abb. 5.3). Bei den Flugtreibstoffen wird der vorgeschriebene Schwefelgrenzwert von $x_S = 3000$ ppm weit unterschritten (vgl. Kapitel 1.3). Der Schwefelanteil der einzelnen Fraktionen steigt mit dem Verdampfungsverhältnis (Xv) bzw. mit der Siedetemperatur des Öls stark an, wobei der Schwefelanteil der einzelnen Fraktionen bis mindestens zu der Fraktion von 50 < Xv < 60 jeweils unterhalb des Gesamtschwefelanteils des Öls liegt.

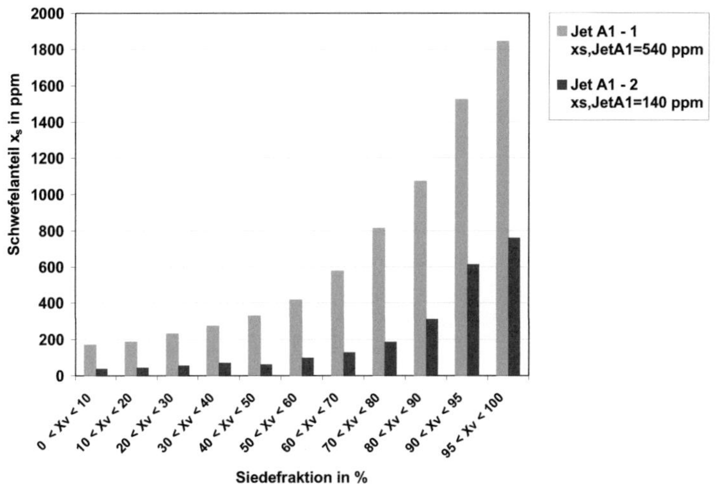

Abb. 5.3: Schwefelanteile einzelner Fraktionen der Jet A-1 Proben. Der Schwefelanteil der Ausgangsöle betrug $x_{S,Jet\ A1-1} = 540\ ppm$ und $x_{S,Jet\ A1-2} = 140\ ppm$

Somit kann über eine Teilverdampfung bis zu einem Verdampfungsverhältnis von $X_v < 60\ \%$ der Schwefelanteil um mehr als 50 % des Schwefelanteils des Ausgangsöls gesenkt werden. Der Hauptteil der Schwefelverbindungen verbleibt aufgrund der höheren Siedetemperaturen in den höhersiedenden Fraktionen. Die Vorversuche verdeutlichen, dass trotz der geringen Trennschärfe einer Engler-Destillation eine gute Trennung der Schwefelverbindungen erreicht werden kann. Somit kann durch eine apparativ einfache Verdampfung bereits ein Großteil der Schwefelverbindungen ausgehalten werden. Für die experimentelle Untersuchung zur hydrierenden Entschwefelung in der Gasphase wurde ein Verdampfungsverhältnis von $X_v < 60\ \%$ nicht überschritten. Zusätzlich zu dem verminderten Schwefelanteil im Entschwefelungsedukt wird somit sichergestellt, dass das Öl – insbesondere das schwerere Heizöl – während der Versuche nicht kondensiert. Des Weiteren werden Crackraktionen minimiert, da weniger langkettige Kohlenwasserstoffe im Entschwefelungsedukt vorhanden sind.

Partielle Verdampfung – Rohrwendelverdampfer

Bei den Versuchen mit der Laboranlage wurden die Öle partiell über eine Rohrwendel verdampft, um unterschiedliche Fraktionen bis zu einem Verdampfungsverhältnis von max. $Xv \leq 60\,\%$ zu gewinnen. Aus dem Heizöl wurden fünf Siedeschnitte gewonnen. Das Öl wurde hierzu über die Pumpe (P1) aus dem Vorratsbehälter in eine Vorheizstrecke gefördert (vgl. Abb. 4.1). Innerhalb der Vorheizstrecke wurde vor dem Ofen (O1) ein - im Verhältnis zum Brüdenstrom - konstanter Stickstoffstrom hinzugemischt. Die Brüden und der Rückstand wurden kontinuierlich aus dem beheizten Ofen (O1) abgeführt und gesammelt. Die Variation des Verdampfungsverhältnisses erfolgte über die Regelung der Ofentemperatur. Die Teilverdampfung wurde isobar bei einem Gesamtdruck von $p_{ges} = 4$ bar durchgeführt.

Folgende Fraktionen der Flugtreibstoffe wurden für die Versuche in der HDS-Laboranlage näher untersucht:

Jet A1-1: $Xv \leq 50\,\%$ mit $x_{S,ges} = 236 - 262$ ppm (MW = 248 ppm),

Jet A1-2: $Xv \leq 36\,\%$ bis $Xv \leq 51\,\%$ mit $x_{S,ges} = 70 - 93$ ppm (MW = 83 ppm)[5].

Zur Untersuchung der hydrierenden Entschwefelung von Heizöl in der Gasphase wurden fünf unterschiedlich schwere Fraktionen verwendet (siehe Tab. 5.1). Der minimale Gesamtschwefelanteil betrug ca. 150 ppm in den Fraktionen mit einem Verdampfungsanteil $X_V \leq 5\,\%$ und $X_V \leq 10\,\%$ des Heizöls EL-2, der maximale Gesamtschwefelanteil betrug 411 ppm und lag weit unterhalb des Gesamtschwefelanteils des ursprünglichen Heizöls von $x_{S,ges} = 1763$ ppm. Der Schwefelanteil der untersuchten Fraktionen des Heizöls EL-1 lag zwischen ca. 270 und ca. 400 ppm.

Tab. 5.1: Gesamtschwefelanteile x_S der hergestellten Ölfraktionen

	Fraktion	$Xv \leq 5\,\%$	$Xv \leq 10\,\%$	$Xv \leq 20\,\%$	$Xv \leq 40\,\%$	$Xv \leq 60\,\%$
Heizöl EL-1	S-Anteil $x_{S,ges}$ in ppm	272	272	310	320	394
T_{Ofen}	T in °C	248	252	262	280	300
Heizöl EL-2	S-Anteil $x_{S,ges}$ in ppm	148	149	164	249	411
T_{Ofen}	T in °C	240	247	257	280	299

Die niedrigeren Schwefelanteile in den Fraktionen der kontinuierlichen Verdampfung im Vergleich zu den oben gezeigten Fraktionen der Engler-Destillation resultieren aus einer besseren Stofftrennung während der kontinuierlichen Verdampfung.

---

[5] Werte variieren, da die Versuche mit Kerosin mit einer kontinuierlichen Teilverdampfung durchgeführt wurden.

Die Schwefelverbindungen in den einzelnen Fraktionen der Heizöle unterscheiden sich stark voneinander (siehe Abb. 5.4 und Abb. 5.6). Aufgrund der niedrigen Siedetemperaturen besteht der Großteil der Schwefelverbindungen in den Fraktionen mit einem geringen Verdampfungsverhältnis ($Xv \leq 5$ % und $Xv \leq 10$ %) aus Mercaptanen, Sulfiden, Disulfiden, alkylierten Thiophenen (Schwefelverbindungen mit einem Siedepunkt $\leq$ BT) und alkylierten Benzothiophenen (SV $\leq$ DBT). Der Anteil an alkylierten Dibenzothiophenen (SV > DBT) nimmt erst ab einem Verdampfungsverhältnis von $Xv \leq 40$ % stark zu. Um den Anteil an schwer umsetzbaren Schwefelverbindungen zu reduzieren und die Menge an Verdampfungsrückstand bzw. die Ölmenge, die gefördert und erhitzt werden muss, zu minimieren, ist bei den eingesetzten Heizölen ein Verdampfungsverhältnis von ca. 20 % und max. bis zu 40 % sinnvoll.

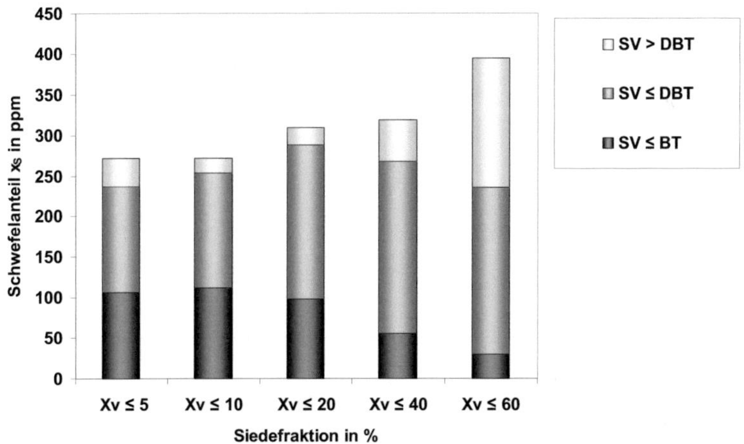

Abb. 5.4: Verteilung dreier definierter Schwefelverbindungsklassen in unterschiedlichen Fraktionen des Heizöls EL-1

Bei den im Kerosin vorkommenden Schwefelverbindungen (vgl. Kapitel 1.3) handelt es sich um Mercaptane, Sulfide Disulfide, alkylierten Thiophene (SV $\leq$ BT) und alkylierte Benzothiophene (SV $\leq$ DBT). Alkylierte Dibenzothiophene sind in dem teilverdampften Kerosin nicht nachweisbar. Es zeigte sich, dass die SV $\leq$ BT meist vollständig umgesetzt werden; somit wird in den folgenden Kapiteln bei Kerosin nur der Gesamtschwefel, der überwiegend aus alkylierten Benzothiophenen besteht, betrachtet.

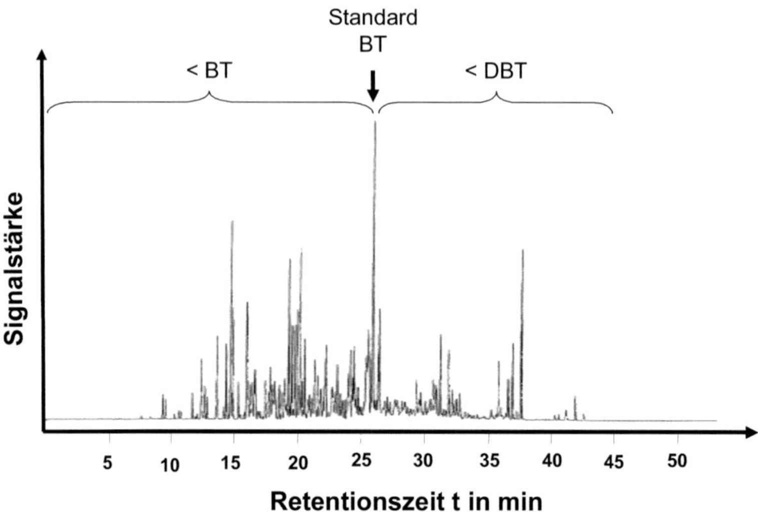

Retentionszeit t in min

Abb. 5.5: Chromatogramm der 50 %-Siedefraktion des Jet A-1-2 mit Standard Benzothiophen (BT)

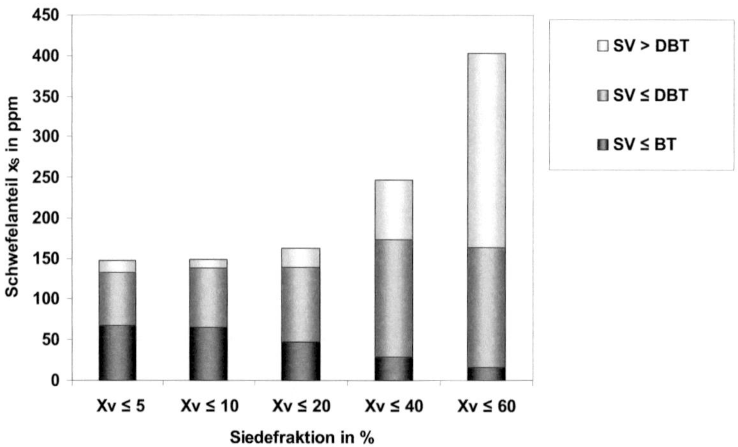

Abb. 5.6: Verteilung dreier definierter Schwefelverbindungsklassen in unterschiedlichen Fraktionen des Heizöls EL-2

Parameter, wie die Verweilzeit und die Partialdrücke im Reaktor, konnten nicht gemessen werden und wurden mit Hilfe des Simulationsprogramms AspenTech[©]

berechnet. Hierzu lagen neben experimentell bestimmten Siedeverläufen auch die Dichten zu Grunde.

Die Dichten der Ölproben wurden mit einem geeichten Pyknometer nach DIN 51757 bestimmt (siehe Tab. 5.2). Sie lagen innerhalb der Spezifikation des jeweiligen Brennstoffs.

Tab. 5.2:   *Dichten der untersuchten Brennstoffe*

Brennstoff	Dichte in kg/m³ bei T = 20° C
Jet A-1-1	801
Jet A-1-2	792
Heizöl EI-1	833
Heizöl EI-2	845

5.1.2 Einfluss des H_2/Öl-Verhältnisses

Durch Einstellen eines niedrigen H_2/Öl-Verhältnisses kann der Rückführstrom innerhalb der Brenngaserzeugung und somit auch der Energieaufwand für ein Gebläse und ggf. die für das Aufheizen des Rückführgases benötigte Energie (bei Entnahme nach der Gasreinigung, vgl. Kap. 1.2.2) minimiert werden. Jedoch muss sichergestellt sein, dass ausreichend Wasserstoff für die hydrierende Entschwefelung vorhanden ist. Außerdem sollte bei den gewählten Betriebsbedingungen keine bzw. nur eine geringe Katalysatorverkokung auftreten (vgl. Kapitel 3.4).

Um den Einfluss des H_2/Öl-Verhältnisses auf die hydrierende Entschwefelung von partiell verdampften Brennstoffen zu untersuchen, wurden Versuche bei nahezu konstantem Partialdruck der Brüden durchgeführt. Der Wasserstoffpartialdruck wurde gleichzeitig erhöht, während der Gesamtdruck mit Hilfe von Stickstoff als Inertgas ebenfalls konstant auf p_{ges} = 4 bar eingestellt wurde. Der Zusammenhang zwischen dem Wasserstoffpartialdruck und dem H_2/Öl-Verhältnis bei einem Gesamtdruck von p_{ges} = 4 bar und einer Temperatur von T = 300°C wurde mit Hilfe des Simulationsprogramms AspenTech[©] berechnet und ist in Abb. 5.8 wiedergegeben.

Zu erwarten war, dass eine Erhöhung des H_2/Öl-Verhältnisses und damit einhergehend eine Erhöhung des Wasserstoffpartialdrucks den Hydrierungsweg begünstigen würden (siehe Kapitel 3.1). Damit wird auch der Abbau der sterisch gehinderten Moleküle (alkylierte Dibenzothiophene) begünstigt.

Jede untersuchte Ölfraktion zeigte eine Umsatzerhöhung bei größeren H_2/Öl-Verhältnissen, und die Schwefelverbindungen SV $\leq$ BT und SV $\leq$ DBT wurden nahezu vollständig umgesetzt.

Der Schwefelanteil im Reaktionsprodukt der Fraktion Xv $\leq$ 20 % des Heizöls EL-2 (siehe Abb. 5.7) kann von ca. 50 ppm mit einem H_2/Öl-Verhältnis von 92 L/kg bei einer Verdoppelung des Wasserstoffanteils auf unter 10 ppm reduziert werden. Eine weitere Erhöhung des Wasserstoffanteils zeigt nur noch eine geringe Umsatz-steigerung. Folglich ist für eine Tiefentschwefelung der Ölfraktion bei den gewählten Versuchsbedingungen ein H_2/Öl-Verhältnis von ca. 180 bis 200 L/kg notwendig. Im großindustriellen Maßstab wird Dieselöl bei einem H_2/Öl-Verhältnis von ca. 300 L/kg und einem Gesamtdruck von ca. 35 bar bis 40 bar entschwefelt [191]. Jedoch wird die Entschwefelung im Rieselbett durchgeführt und die Umsetzung der alkylierten Dibenzothiophene findet in der Flüssigphase statt. Somit ist die Entschwelungs-reaktion abhängig von dem in Öl gelösten Wasserstoff. Bei der Entschwefelung in der Gasphase begünstigt eine Erhöhung des H_2/Öl-Verhältnis direkt die Hydrierung der aromatischen Schwefelverbindung und somit auch die Umsetzung von sterisch gehinderten alkylierten Dibenzothiophenen. Jedoch zeigte sich bei dieser Versuchs-reihe, dass die Gruppe der alkylierten Dibenzothiophene (SV > DBT) bei den gewählten Versuchsbedingungen auch nicht vollständig umgesetzt werden kann. Ab einem H_2/Öl-Verhältnis von $\geq$ 366 L/kg sind die Schwefelverbindungen der Gruppe SV $\leq$ BT und SV $\leq$ DBT nur noch in Spuren im Reaktionsprodukt vorhanden. Der Gesamtschwefelumsatz stieg von 70 % auf 97 % an.

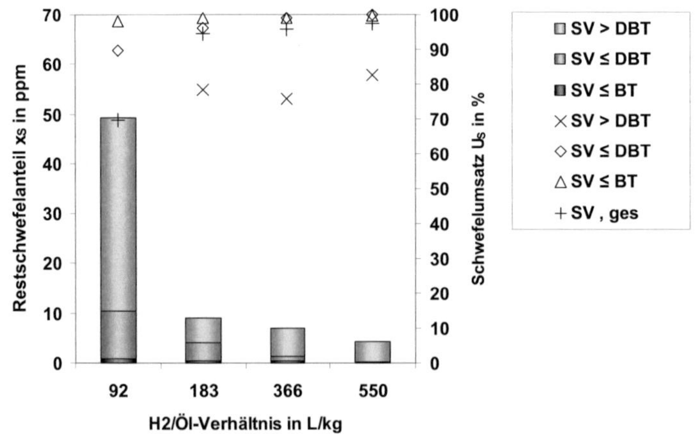

Abb. 5.7: Schwefelanteile und Umsätze der Fraktion Xv $\leq$ 20 % nach der HDS bei unterschiedlichen H_2/ÖL-Verhältnissen (Heizöl EL-2, Versuchsbedingungen T = 300 °C, p_{ges} = 4 bar, $\tau_{mod} = 16,7*10^3$ kg s m^{-3}; Restschwefelanteil: Säulen, Schwefelumsatz: Symbole)

Bei den Schwefelverbindungen SV > DBT waren negative Umsätze zu beobachten (nicht dargestellt in Abb. 5.7 und Abb. 5.9, Heizöl EL-1: 92 L/kg; -66 %; Heizöl EL-2: 600 L/kg; -27 %). Ein ähnliches Verhalten wurde auch von Pedernera [186] beobachtet. Ein möglicher Grund für die Bildung von Schwefelverbindungen SV > DBT könnte eine Rekombination von Abbauprodukten der Hydrierungs- bzw. Hydrogenolysereaktion, insbesondere bei kleinen H_2/Öl-Verhältnissen, sein. Jedoch ist hier keine Systematik erkennbar, da eine Bildung von Schwefelverbindungen SV > DBT bei kleinen und bei großen H_2/Öl-Verhältnissen zu beobachten war.

Messreihen mit zwei weiteren Fraktionen (Xv ≤ 20 % und Xv ≤ 40 %) des Heizöls EL-1 zeigen einen ähnlichen Verlauf (vgl. Abb. 5.9 und Abb. 5.10). Bei der Fraktion Xv ≤ 40 % konnte ein Restschwefelanteil von 10 ppm auch bei einem sehr hohen H_2/Öl-Verhältnis von 1000 L/kg nicht erreicht werden. Eine Steigerung des H_2/Öl-Verhältnisses ab 600 L/kg führte nur zu einer geringen Steigerung des Wasserstoffpartialdrucks (vgl. Abb. 5.8), und somit ist auch nur eine geringe Umsatzsteigerung zu erwarten. Der Gesamtschwefelumsatz stieg von 81 % bei einem H_2/Öl-Verhältnis von 100 L/kg auf 95 % bei einem H_2/Öl-Verhältnis von 1000 L/kg an.

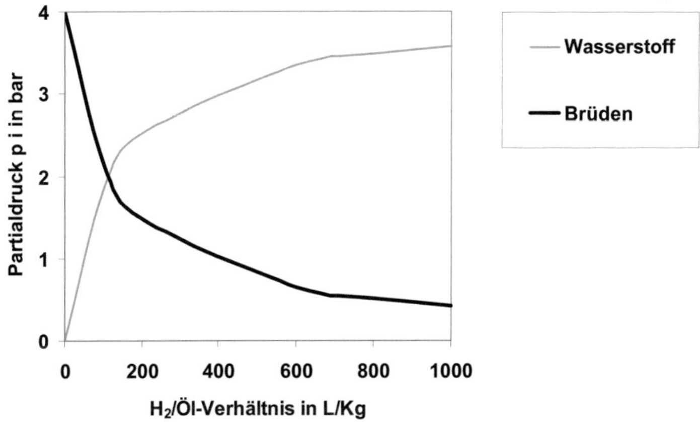

Abb. 5.8: Umrechnung des H_2/Öl-Verhältnisses in Wasserstoffpartialdruck (p_{ges} = 4 bar)

Der Umsatz bei der Ölfraktion Xv ≤ 20 % war bei dem niedrigsten H_2/Öl-Verhältnis (100 L/kg) mit 96 % bis 99,9 % bereits höher als bei dem größten H_2/Öl-Verhältnis (1000 L/kg) der Ölfraktion Xv ≤ 40 %.

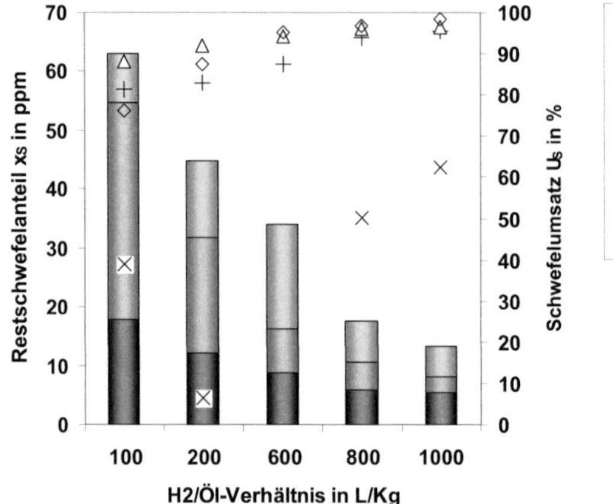
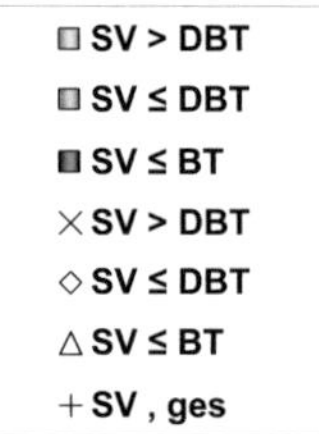

*Abb. 5.9: Schwefelanteile und Umsätze der Fraktion Xv ≤ 40 % des Heizöl EL-1 nach der HDS bei unterschiedlichen H$_2$/ÖL- Verhältnissen (Versuchsbedingungen T = 300 °C, p$_{ges}$ = 4 bar, τ_{mod} = 25,7 – 27,3*10^3 kg s m^{-3}; Restschwefelanteil: Säulen, Schwefelumsatz: Symbole)*

Verschiedene Heizöle sind aufgrund der unterschiedlichen Ölmatrix nur bedingt vergleichbar. Gleichwohl zeigten die Fraktionen der beiden Heizöle — mit Ausnahme der Messung bei einem H$_2$/Öl-Verhältnis von 92 L/kg bzw. 100 L/kg — ein ähnliches Entschwefelungsverhalten und nahezu identische Gesamtumsätze bei gleichen Betriebsbedingungen (vgl. Abb. 5.7 und Abb. 5.10).

Die Versuche mit Kerosin wurden mit sehr kleinen H$_2$/ÖL-Verhältnissen von 100 L/kg durchgeführt. Die Ergebnisse der Versuche mit Kerosin zeigen einen ansteigenden Verlauf des Umsatzes über dem H$_2$/ÖL-Verhältnis bzw. dem Wasserstoffpartialdruck (siehe Abb. 5.11). Der Verdampfungsanteil X$_V$ der Fraktion betrug X$_V$ ≤ 45 %. Bei den verbleibenden Schwefelverbindungen handelte es sich zum Großteil um alkylierte Benzothiophene, da die Schwefelverbindungen < BT nahezu vollständig umgesetzt wurden (siehe auch Abb. 5.12).

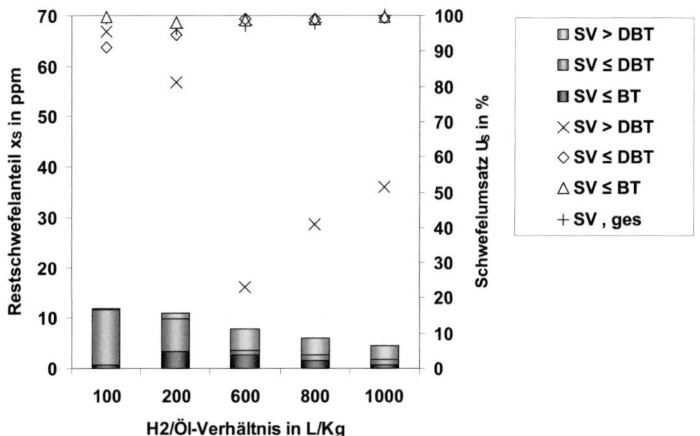

*Abb. 5.10: Schwefelanteile und Umsätze der Fraktion Xv ≤ 20 % des Heizöls EL-1 nach der HDS bei unterschiedlichen H2/ÖL- Verhältnissen (Versuchsbedingungen T = 300 °C, p_{ges} = 4 bar, τ_{mod} = 25,7 – 27,3*10³ kg s m⁻³; Restschwefelanteil: Säulen, Schwefelumsatz: Symbole)*

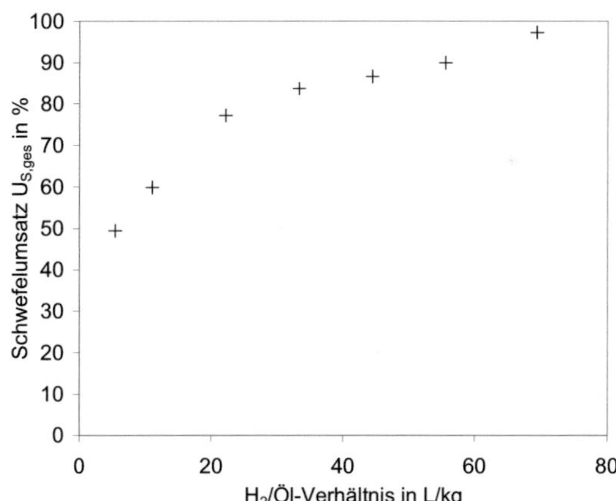

*Abb. 5.11: Gesamtschwefelumsatz der Fraktion Xv ≤ 45 % (Kerosin) nach der HDS bei unterschiedlichen H₂/ÖL-Verhältnissen (Versuchsbedingungen T = 300 °C, p_{ges} = 4 bar, τ_{mod} = 20– 30*10³ kg s m⁻³)*

Anhand von Chromatogrammen ist das unterschiedliche Abbauverhalten der einzelnen Schwefelverbindungen qualitativ dargestellt (siehe Abb. 5.12). Im Einsatz-kerosin ist eine Vielzahl an Schwefelverbindungen erkennbar, die mit steigendem

H_2/ÖL-Verhältnis unterschiedlich schnell umgesetzt werden (Benzothiophen (BT) war nicht im Einsatzkerosin enthalten und wurde als interner Standard verwendet). Bei der HDS-Reaktion zeigt sich bei kleinen H_2/ÖL-Verhältnissen, dass die Schwefelverbindungen SV ≤ BT deutlich schneller als die Benzothiophene umgesetzt werden. Bei größeren H_2/ÖL-Verhältnissen werden als nächstes die C1-BTs umgesetzt. Bei einem H_2/ÖL-Verhältnis von 56 L/kg verbleiben nur noch die besonders reaktionsträgen Verbindungen, wie 2,3-DMBT (2,3-Dimethylbenzothiophen) und 2,3,7-TMBT (2,3,7-Trimethylbenzothiophen), im HDS-Produkt.

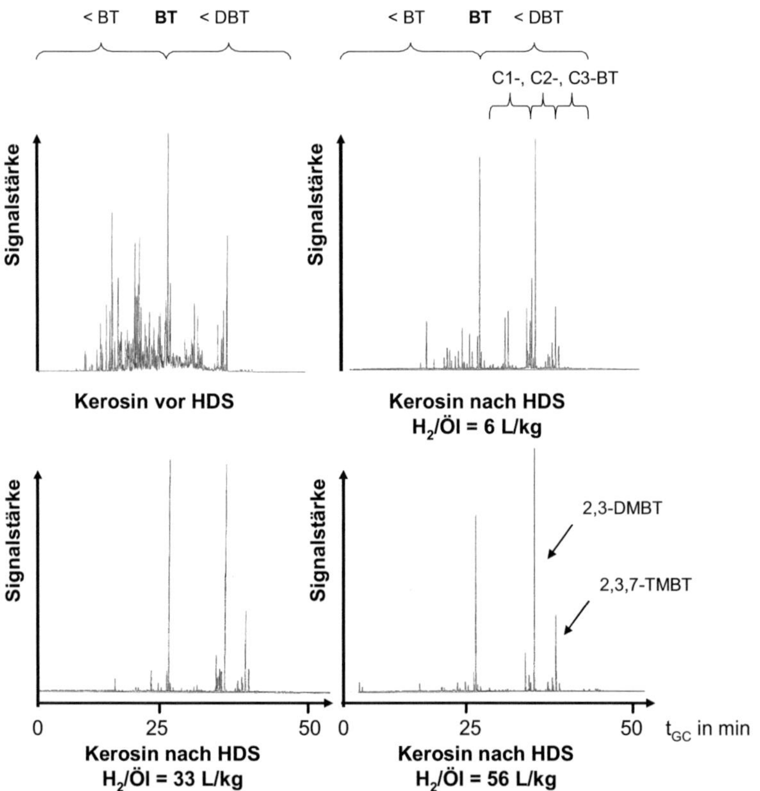

Abb. 5.12: Einfluss des H_2/ÖL-Verhältnisses auf die Entschwefelung einzelner Schwefelverbindungen im Kerosin der Fraktion Xv ≤ 45 % nach der HDS (Versuchsbedingungen: T = 300 °C, p_{ges} = 4 bar, $\tau_{mod} = 20 - 30*10^3$ kg s m^{-3})

5.1.3 Temperatureinfluss

Die Entschwefelung der drei Heizölfraktionen ($X_V \leq 20\ \%$, $X_V \leq 40\ \%$ und $X_V \leq 60\ \%$) des Heizöls EL-1 zeigte mit steigender Temperatur einen stetigen Umsatzanstieg. Die Versuchsreihe wurde bei einer Verweilzeit von ca. 15 kg s m^{-3}, einem Gesamtdruck von 4 bar und mit einem H_2/ÖL-Verhältnis von 400 L/kg durchgeführt. Das Heizöl wurde bei Temperaturen von 240 °C bis 300 °C und das Kerosin bei ca. 240 °C partiell verdampft. Ein ähnliches Temperaturniveau zwischen partieller Verdampfung und dem HDS-Reaktor ist eine notwendige Vorraussetzung, um einen Wärme-überträger einzusparen und den apparativen Aufwand zu minimieren. Deshalb wurden auch Temperaturen unterhalb des konventionellen Temperaturbereichs (vgl. Tab. 2.1) betrachtet. Der Einfluss der Reaktionstemperatur auf den Umsatz der verschiedenen Schwefelverbindungsklassen wurde im Temperaturbereich von 320 °C und 380 °C untersucht. Der Abbau der Schwefelverbindungen fand am verwendeten Katalysator hauptsächlich nach der in Kapitel 3.1 beschriebenen Hydrogenolyse statt, da keine schwefelhaltigen Abbauprodukte nachweisbar waren. Eine Temperaturerhöhung führt zu einer höheren Reaktionsgeschwindigkeit und insbesondere zu einer zunehmenden Isomerisierung und Transmethylierung von sterisch hinderlichen Methylgruppen (speziell an der 4- und 6-Position) [138]. Somit können auch verstärkt alkylierte Dibenzothiophene umgesetzt werden (siehe SV > DBT in den folgenden drei Abb. 5.13 bis Abb. 5.15).

Es zeigte sich, dass ein Temperaturanstieg von 320 °C auf 380 °C zu einer Gesamt-umsatzerhöhung von 4 % bis 8 %-Punkten führt und der Restschwefel in etwa halbiert wird. Die Gesamtumsatzsteigerung von bis zu 8 % bei den höheren Fraktionen ist wiederum ein Indiz dafür, dass vermehrt alkylierte Schwefelverbindungen umgesetzt werden.

Der Gesamtumsatz lag bei den Versuchsreihen zwischen 92 % und 96 % (Xv < 20 %); 85 % und 93 % (Xv < 40 %) und 86 % und 93 % (Xv < 60 %). Folglich lässt sich zusammenfassen, dass die Heizölfraktion Xv < 20 % bei niedrigem Druck und ab Temperaturen von 320 °C bis unter 20 ppm in der Gasphase entschwefelt werden kann. Versuchsreihen zur Entschwefelung weiterer Heizölfraktionen werden im folgenden Kapitel 5.1.4 näher diskutiert.

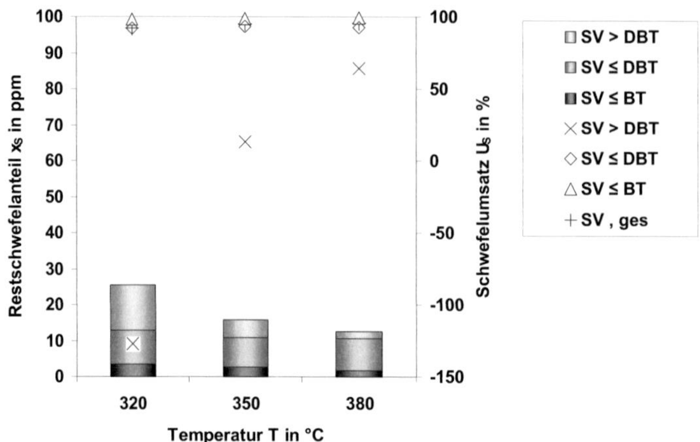

Abb. 5.13:   *Schwefelanteile und Umsätze der Fraktion $X_V \leq 20\,\%$ des Heizöls EL-1 nach der HDS bei unterschiedlichen Reaktortemperaturen (Versuchsbedingungen: $H_2/_{Öl} = 400$ L/kg, $p_{ges} = 4$ bar; $\tau_{mod} = 12,8 - 15,8*10^3$ kg s m^{-3} Restschwefelanteil: Säulen, Schwefelumsatz: Symbole)*

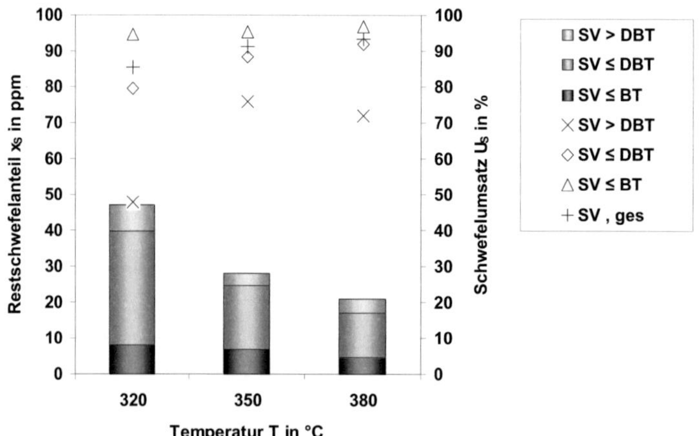

Abb. 5.14: Schwefelanteile und Umsätze der Fraktion $X_V \leq 40\,\%$ des Heizöls EL-1 nach der HDS bei unterschiedlichen Reaktortemperaturen (Versuchsbedingungen: $H_2/_{Öl} = 400$ L/kg, $p_{ges} = 4$ bar; $\tau_{mod} = 12,8 - 15,8*10^3$ kg s m^{-3}; Restschwefelanteil: Säulen, Schwefelumsatz: Symbole)

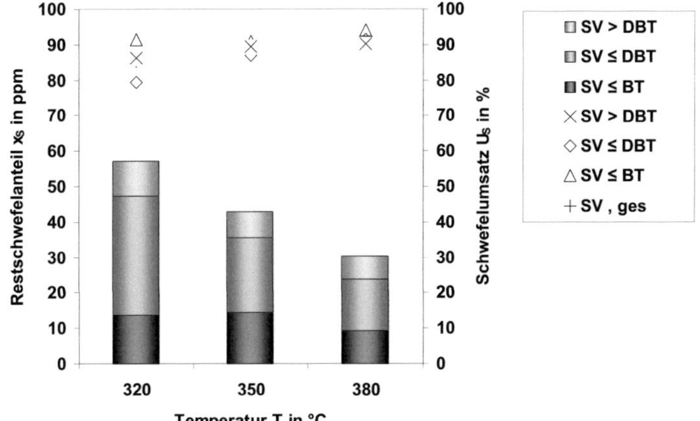

*Abb. 5.15: Schwefelanteile und Umsätze der Fraktion Xv ≤ 60 % des Heizöls EL-1 nach der HDS bei unterschiedlichen Reaktortemperaturen (Versuchsbedingungen: $H_2/_{Öl}$ =400 L/kg, p_{ges} = 4 bar; τ_{mod} = 12,8 – 15,8*10^3 kg s m^{-3}; Restschwefelanteil: Säulen, Schwefelumsatz: Symbole)*

Anhand der Untersuchungen mit Kerosin ist das unterschiedliche Abbauverhalten der einzelnen Schwefelverbindungen bei unterschiedlichen Temperaturen dargestellt (Abb. 5.16). Im Einsatzkerosin ist eine Vielzahl an unterschiedlichen Schwefelverbindungen erkennbar, die mit steigenden Temperaturen unterschiedlich schnell umgesetzt werden. Bei der HDS-Reaktion zeigt sich bei kleinen Temperaturen, dass die Schwefelverbindungen SV < BT deutlich schneller als die Benzothiophene umgesetzt werden. Bei höheren Temperaturen werden als nächstes die C1-BTs umgesetzt. Bei 380 °C verbleiben nur noch die besonders reaktionsträgen Verbindungen, wie 2,3-DMBT (2,3-Dimethylbenzothiophen) und 2,3,7-TMBT (2,3,7-Trimethylbenzothiophen) im HDS-Produkt.

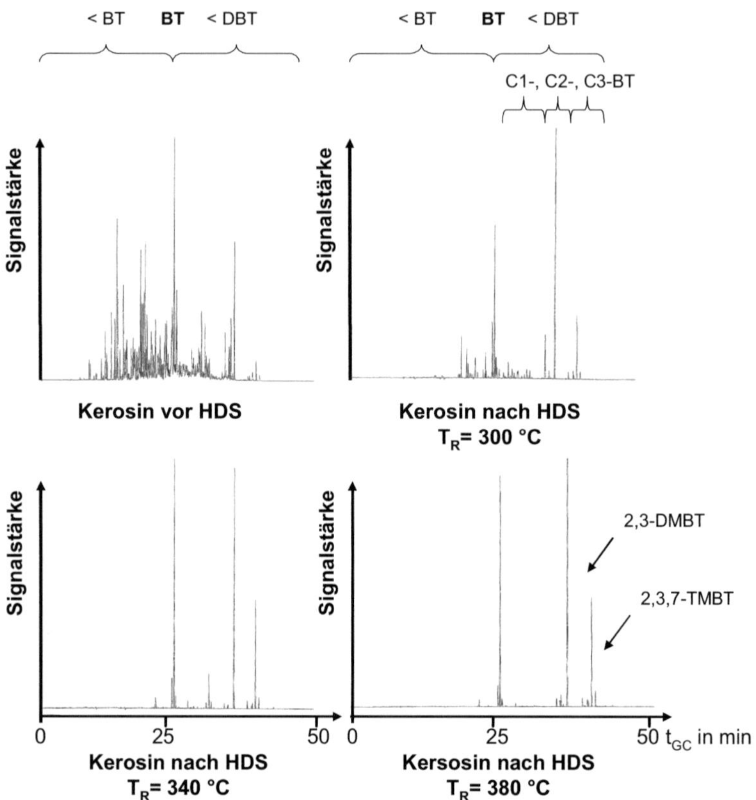

*Abb. 5.16: Einfluss der Temperatur auf die Entschwefelung einzelner Schwefelverbindungen des Kerosins der Fraktion $Xv \leq 45\ \%$, quantitativ (Versuchsbedingungen: $H_2/_{\ddot{O}l}$ =400 L/kg, p_{ges} = 4 bar; τ_{mod} = 17 – 20*10^3 kg s m^{-3}). Interner Standard: Benzothiophen (BT). $X_{S,ges,ein}$ = 95 ppm, $U_{300°C}$ = 92 %, $U_{340°C}$ = 94 %, $U_{380°C}$ = 96 %*

5.1.4　Einfluss des Verdampfungsverhältnisses

Die Untersuchungen zum Einfluss des Verdampfungsverhältnisses wurden mit verschiedenen Fraktionen des Heizöls EL-2 bei einem konstanten Gesamtdruck (p_{ges} = 4 bar), einem konstanten Wasserstoffpartialdruck (p_{H2} = 3 bar) und einer konstanten Temperatur (T = 300 °C) durchgeführt. Die Heizölfraktionen wurden vorab in der Versuchsanlage hergestellt und gesammelt. Zur Versuchsdurchführung wurden die Heizölfraktionen vor dem Reaktor über eine beheizte Rohrwendel verdampft.

Die folgenden Abbildungen (Abb. 5.17 bis Abb. 5.20) sind nach steigender Verweilzeit geordnet. Der Umsatz der einzelnen Schwefelverbindungsklassen steigt bei einer Verweilzeiterhöhung von 9,1 auf 30,4 kg s/L nur geringfügig an. Aufgrund der hohen Umsätze führt eine längere Verweilzeit hier nur noch zu einer geringen Umsatzzunahme, da die Verweilzeit logarithmisch in den Umsatz der Schwefelverbindungen eingeht (siehe auch Kapitel 5.3.1). Die Schwefelverbindungen der leichten Heizölfraktionen (bis $X_V \leq 20$ %) wurden – bis auf die Fraktion $X_V \leq 10$ %, siehe Abb. 5.17 und Abb. 5.19 – zu über 90 % umgesetzt. Der geringe Schwefelumsatz der Fraktion $X_V \leq 10$ % bei einer Verweilzeit von 9,1 kg s/L (vgl. Abb. 5.17) ist vermutlich durch Verunreinigungen bei der Probenentnahme verursacht worden und wird daher nicht näher betrachtet.

In dem entschwefelten Produkt der leichten Heizölfraktionen (bis $X_V \leq 20$ %) konnten bei moderaten Betriebsbedingungen Gesamtschwefelanteile unter 10 ppm erreicht werden. Im Vergleich zu der Verteilung der Schwefelverbindungen in den Einsatzstoffen hat sich auch die Zusammensetzung der Schwefelkomponenten im Produkt stark verändert (vgl. Abb. 5.6). Der verbleibende Schwefel liegt zum Großteil in der Verbindungsklasse der alkylierten Dibenzothiophene vor. Die Schwefelverbindungen der alkylierten Benzothiophene sind, besonders in den leichtsiedenden Fraktionen bis $Xv \leq 20$ %, fast vollständig und die Schwefelverbindungen der Klasse $SV \leq BT$ bis zur Nachweisgrenze umgesetzt. Aufgrund des hohen Anteils an reaktionsträgen Dibenzothiophenen in den höhersiedenden Fraktionen ($Xv \leq 40$ % und $Xv \leq 60$ %) lag der Gesamtschwefelumsatz unterhalb von 90 %. Die Schwefelverbindungen in der Siedefraktion $Xv \leq 5$ % wurden zu 95 % umgesetzt. Die Ergebnisse der Versuchsreihen zeigen, dass die Schwefelverbindungen bei den gewählten Versuchsbedingungen in den Siedefraktionen bis $Xv \leq 20$ % zu über 90 % umgesetzt werden und ein Gesamtschwefelanteil von ca. 10 ppm und weniger erreicht werden kann. Wird die Schwefelreduktion durch die Teilverdampfung mitberücksichtigt, kann der Schwefelanteil bis zu 99,6 % reduziert werden.

Auffällig ist, dass bei den gezeigten Messreihen die Umsätze der Schwefelverbindungsklassen $SV \leq DBT$ und $SV \leq BT$ mit dem Verdampfungsanteil abnehmen, und im Gegensatz dazu der Umsatz der Schwefelverbindungsklassen $SV > DBT$ mit dem Verdampfungsanteil ansteigt. Der Grund hierfür liegt an den unterschiedlichen Eintrittskonzentrationen der Schwefelverbindungsklassen (vgl. Abb. 5.6). Die Eintrittskonzentration der Schwefelverbindungsklassen $SV > DBT$ nimmt bis zur Fraktion $Xv \leq 60$ % stark zu. Im Vergleich dazu steigen die Eintrittskonzentrationen der Verbindungsklassen $SV \leq DBT$ bis zur Fraktion $Xv \leq 60$ % nur geringfügig, und die Eintrittskonzentrationen von $SV \leq BT$ nehmen ab. Zusätzlich liegt die Reaktionsordnung bei der hydrierenden Entschwefelung von Schwefelverbindungsklassen zwischen eins und zwei [192-195]. Dabei steigt die Reaktionsordnung mit den schwer zu entschwefelnden Schwelverbindungen an [192]. Somit liegt die Reaktionsordnung der Schwefelverbindungsklasse $SV > DBT$ nahe zwei und die Anfangskonzentration hat einen großen Einfluss auf den Umsatz, insbesondere bei kleinen Eintritts-konzentrationen, da der Umsatz wie folgt von der Reaktionsordnung abhängt:

$$U_i = \left(\frac{1}{k\,\tau\,y_{i,ein}} + 1 \right)^{-1} .$$

(5.1)

Die leichter zu entschwefelnden Verbindungsklassen (SV ≤ DBT und SV ≤ BT) haben eine Reaktionsordnung näher bei eins und sind somit weniger abhängig von der Eintrittskonzentration. Ein ähnliches Entschwefelungsverhalten wurde auch bei der Entschwefelung unterschiedlicher Ölfraktionen unter großtechnischen Betriebsbe-dingungen von Stratiev et al. [191] beobachtet.

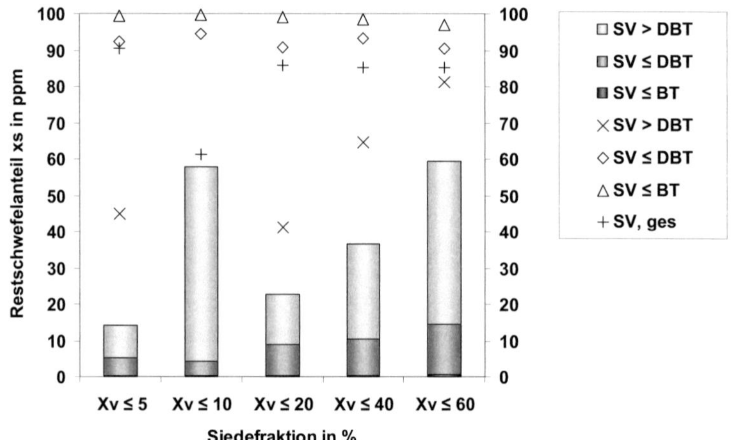

Abb. 5.17: Schwefelanteile und Umsätze des Heizöls EL-2 nach der HDS bei unterschiedlichen Verdampfungsverhältnissen (Versuchsbedingungen: T = 300 °C, $H_2/_{Öl}$ =366 L/kg, p_{ges} = 4 bar, τ_{mod} = 9,1 kg s/L; Restschwefelanteil: Säulen, Schwefelumsatz: Symbole)

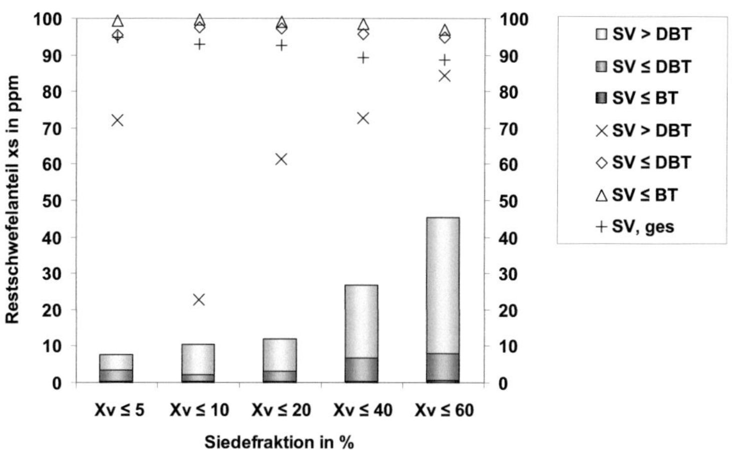

Abb. 5.18: Schwefelanteile und Umsätze des Heizöls EL-2 nach der HDS bei unterschiedlichen Verdampfungsverhältnissen (Versuchsbedingungen: T = 300 °C, $H_2/_{Öl}$ =366 L/kg, p_{ges} = 4 bar, τ_{mod} = 14,6 kg s/L; Restschwefelanteil: Säulen, Schwefelumsatz: Symbole)

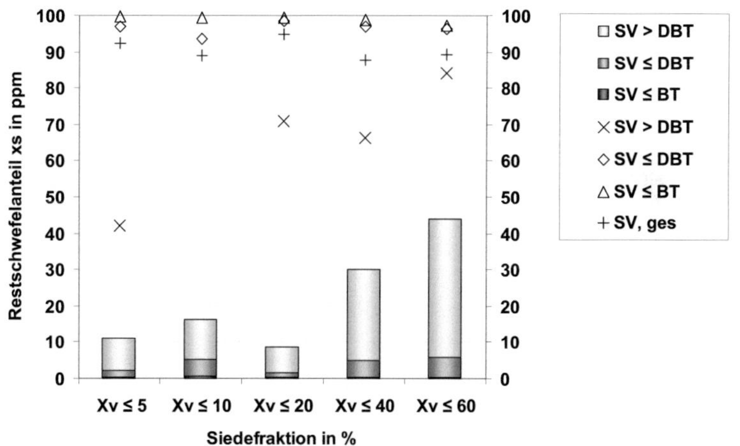

Abb. 5.19: Schwefelanteile und Umsätze des Heizöls EL-2 nach der HDS bei unterschiedlichen Verdampfungsverhältnissen (Versuchsbedingungen: T = 300 °C, $H_2/_{Öl}$ =366 L/kg, p_{ges} = 4 bar, τ_{mod} = 21,2 kg s/L, Restschwefelanteil: Säulen, Schwefelumsatz: Symbole)

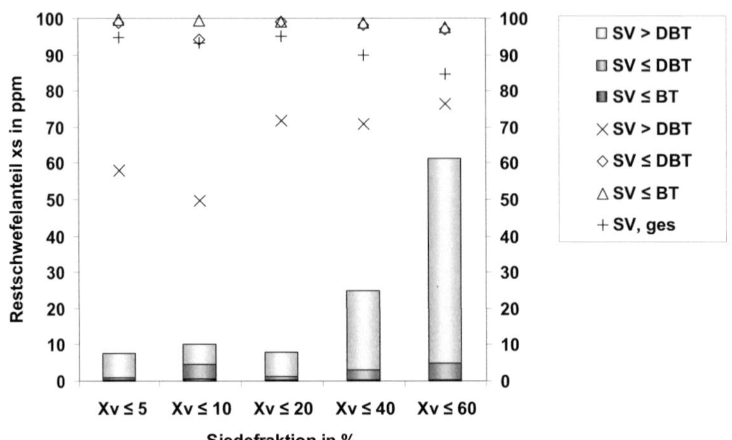

Abb. 5.20: Schwefelanteile und Umsätze des Heizöls EL-2 nach der HDS bei unterschiedlichen Verdampfungsverhältnissen (Versuchsbedingungen: T = 300 °C, $H_2/_{Öl}$ =366 L/kg, p_{ges} = 4 bar, τ_{mod} = 30,4 kg s/L; Restschwefelanteil: Säulen, Schwefelumsatz: Symbole)

Fazit (Kapitel 5.1):

Die Vorversuche ergaben, dass durch eine Teilverdampfung der Schwefelanteil in den untersuchten Flugtreibstoffen und den Heizölen stark verringert werden kann und insbesondere die reaktionsträgen Schwefelverbindungen der Gruppe ≤ DBT bzw. > DBT ausgehalten werden. Die Entschwefelungsversuche der Fraktionen mit unterschiedlichen Verdampfungsverhältnissen verdeutlichen das unterschiedliche Reaktionsverhalten der einzelnen Schwefelverbindungsgruppen. Die Schwefelverbindungen der Gruppe > DBT wurden mit einer - im Vergleich zu den anderen Schwefelverbindungsgruppen - höheren Reaktionsordnung umgesetzt. Ein ähnliches Reaktionsverhalten wurde auch von Stratiev et al. [191] bei "schärferen" Reaktionsbedingungen beobachtet. Die Versuche mit variierenden Verdampfungsverhältnissen zeigten, dass die Entschwefelung von leichtsiedenden Fraktion ein vielversprechender Ansatz ist, um die gewünschte Produktreinheit bei den gewählten milden Reaktionsbedingungen zu erreichen.

Durch eine Temperaturerhöhung und eine Erhöhung des H_2/Öl-Verhältnisses werden die Schwefelverbindungen schneller umgesetzt und die Versuchsergebnisse veranschaulichen, dass eine Entschwefelung von Kerosin und von Heizöl mit reinem Wasserstoff bei den gewählten Versuchsbedingungen möglich ist. Bei geeigneter Wahl des Verdampfungsverhältnisses und der Versuchsparameter konnte eine Tiefentschwefelung (x_s ≤ 10 ppm) der Brennstoffe erreicht werden. Allerdings konnten

die Schwefelverbindungen aufgrund der schwer umsetzbaren alkylierten Dibenzothiophene nicht vollständig umgesetzt werden.

5.2 Reformatgaseinfluss

Bei einem Gaserzeugungssystem für eine Brennstoffzelle steht kein reiner Wasserstoff zur Verfügung. Der Wasserstoffbedarf für die Entschwefelung muss aus einem
Rückführgas gedeckt werden (siehe Abb. 1.2). Dieses enthält neben Wasserstoff
noch Kohlenstoffmonoxid, Kohlenstoffdioxid, Methan und Wasserdampf. Eine In-situ-
WGS, bei der zusätzlicher Wasserstoff an der Katalysatoroberfläche des Entschwefelungskatalysators gebildet wird, wäre wünschenswert. Die Begleitgase
könnten sich negativ, verursacht durch eine konkurrierende Adsorption an den aktiven
Zentren der Katalysatoroberfläche, auswirken und die Entschwefelungsreaktion
inhibieren. Dieser Aspekt wurde in der Literatur nur unzureichend behandelt (vgl.
Kapitel 3.4).

Nachfolgend wird der Einfluss der einzelnen Reformatgasbestandteile diskutiert. Die
oben genannten Gase beeinflussen die Entschwefelungsreaktion unterschiedlich
stark. Kohlenstoffdioxid gilt als inert, und Untersuchungen von Lee et al. [185] zeigten
einen sehr geringen inhibierenden Einfluss auf die Entschwefelungsreaktion. Deshalb
wurde der Einfluss von Kohlenstoffdioxid in der nachfolgenden Betrachtung nicht
näher untersucht.

Zuerst wurden orientierende Versuche zur inhibierenden Wirkung der Begleitgase
direkt nacheinander bei konstanten Versuchsparametern durchgeführt. Dazu wurden
der Wasserstoffpartialdruck im Feedgasgemisch und der Gesamtdruck mittels Stickstoff als Inertgas konstant gehalten. Zwischen zwei Einstellungen mit Rückführgasen,
die unterschiedliche Gaszusammensetzungen aufweisen (vgl. Tab. 5.3), wurde
jeweils eine Messung mit ausschließlich Wasserstoff und Stickstoff im Rückführgas
(RG 2) durchgeführt.

Tab. 5.3: Gaszusammensetzung der unterschiedlichen Rückführgase (RG) am Eintritt des HDS-Reaktors

	y_{H2} in %	y_{N2} in %	y_{CO} in %	y_{H2O} in %
RG 1	50	0	16,7	33,3
RG 2	50	50	0	0
RG 3	50	0	50	0
RG 4	50	0	0	50

Erwartet wurde, dass Wasserdampf einen größeren inhibierenden Effekt verursacht als Kohlenstoffmonoxid [185]. Jedoch zeigte Kohlenstoffmonoxid die größte inhibierende Wirkung auf die Entschwefelungsreaktion (vgl. RG 1 und RG 3 in Abb. 5.21 und Tab. 5.3). Insbesondere wurde der Abbau der alkylierten Benzothiophene durch Kohlenstoffmonoxid verlangsamt.

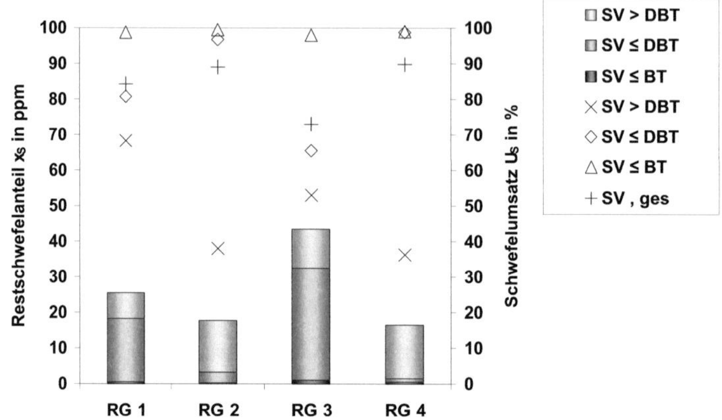

Abb. 5.21: Einfluss von Reformatbegleitgasen auf die hydrierende Entschwefelung des Heizöls EL-1.
(Versuchsbedingungen: X_V = 20 %, T = 300 °C, $H_2/Öl$ =366 L/kg, p_{ges} = 4 bar, τ_{mod} = 18,7 kg s/L;
Restschwefelanteil: Säulen, Schwefelumsatz: Symbole)

Dass die Entschwefelungsreaktion in Anwesenheit von Wasserdampf im Vergleich zu Kohlenstoffmonoxid (ohne Wasserdampfanteil) geringer inhibiert wird, kann zwei Gründe haben. Einerseits kann die Reaktionsbeschleunigung durch den in situ gebildeten Wasserstoff und anderseits durch den geringeren Kohlenstoffmonoxid-anteil (16,6 % anstatt 50 %) verursacht sein. Um den Kohlenstoffmonoxid- und Wassereinfluss näher zu untersuchen, wurden weitere Messreihen mit variierenden Kohlenstoffmonoxid- und Wasseranteilen im Feedgas durchgeführt.

Kohlenstoffmonoxideinfluss

Weiterführende Messungen mit Kohlenstoffmonoxid im Feedgas bestätigen die Beobachtungen, die aus den orientierenden Versuchen gewonnen wurden. Die Mess-ergebnisse der Untersuchungen mit der Fraktion Xv < 40 % des Heizöls EL-1 (siehe Abb. 5.22) zeigen, dass Kohlenstoffmonoxid im Rückführgas den Gesamtschwefel-umsatz und insbesondere den Umsatz der alkylierten Benzothiophene senkt. Die Reaktionsgeschwindigkeiten der Verbindungsklassen SV ≤ BT und SV > DBT blieben nahezu unverändert. Dies ist ein Hinweis darauf, dass insbesondere die aktiven Zentren der Hydrogenolyse belegt werden, da die zwei anderen Verbindungsgruppen hauptsächlich über den Hydrierungsweg umgesetzt werden (vgl. Kapitel 3.1). Versuche mit einer längeren Verweilzeit zeigten eine Umsatzsteigerung der alkyl. Benzothiophene, und somit können diese trotz der CO-Inhibierung abgebaut werden. Der Umsatz der Verbindungsklasse SV > DBT lag zum Großteil zwischen 25 % und 45 %; es ist kein nennenswerter CO-Einfluss und keine nennenswerte Umsatzsteigerung mit längerer Verweilzeit zu beobachten (vgl. Abb. 5.22, rechts unten).

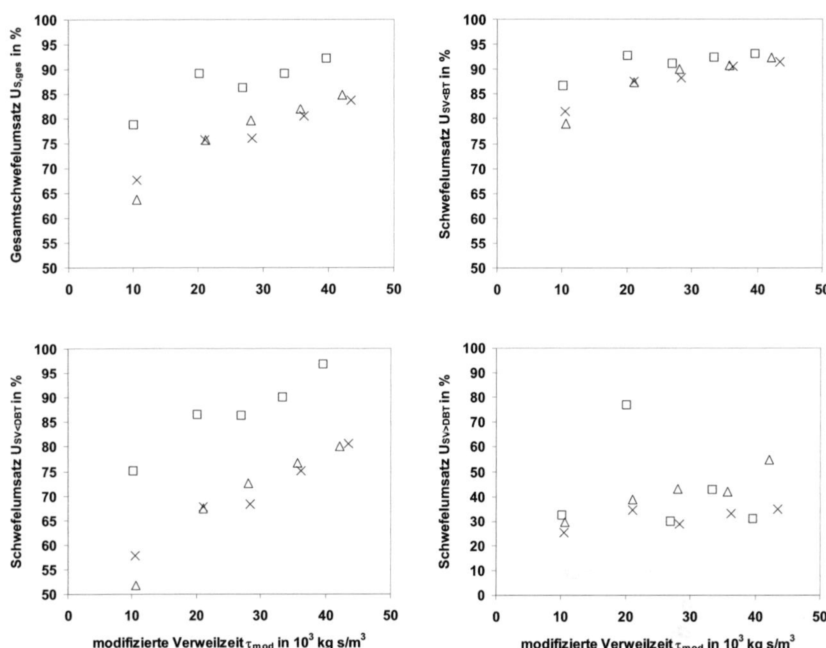

Abb. 5.22: Einfluss von Kohlenstoffmonoxid auf den Gesamtschwefelumsatz und den Umsatz der unterschiedlichen Schwefelverbindungsklassen des Heizöls EL-1; $X_V < 40$ %. Versuchsbedingungen: $T = 300$ °C, $p_{ges} = 4$ bar, $p_{H2} = 2,5$ bar
$\square : p_{CO} = 0$ bar, $\Delta : p_{CO} = 0,5$ bar, $\times : p_{CO} = 0,8$ bar.

Den starken Einfluss der Temperatur auf die Reaktionsgeschwindigkeit zeigt Abb. 5.23. Durch eine Erhöhung der Temperatur wird die CO-Adsorption stark reduziert, und somit werden insbesondere die Schwefelverbindungen SV < DBT schneller umgesetzt. Im Vergleich zur Entschwefelung mit reinem Wasserstoff nehmen die Umsätze ab (vgl. Abb. 5.14).

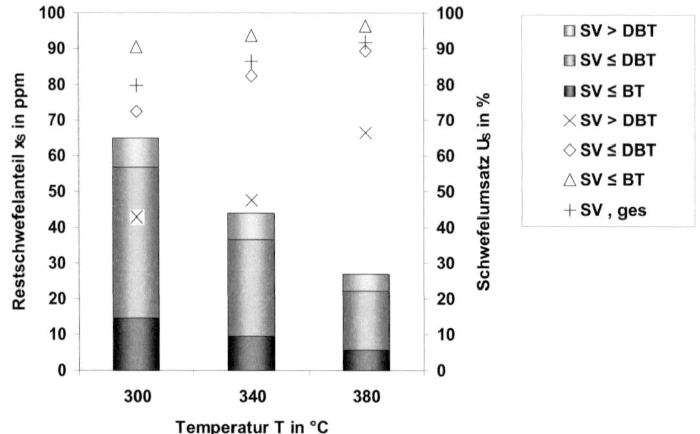

Abb. 5.23: Temperatureinfluss auf HDS der Fraktion Xv = 40 % des Heizöls EL-1 mit CO im Gas. Versuchsbedingungen: p_{ges} = 4 bar, p_{H2} = 2,5 bar, p_{CO} = 0,4 bar, τ_{mod} = 44 kg s/L

Versuche mit Wassergas

Eine weitere Versuchsreihe mit zusätzlichem Wasserdampf im Feed- bzw. Rückführgas zeigte, dass der Wasserdampf im Zusammenspiel mit Kohlenstoffmonoxid keinen merklichen Einfluss auf die Entschwefelungsreaktion hat (vgl. Abb. 5.24), jedoch tendenziell die Entschwefelungsreaktion der drei Schwefelverbindungsklassen leicht beschleunigt.

Die Analyse der Gaszusammensetzung am Austritt des Reaktors ergab, dass Wasserstoff über die WGS-Reaktion gebildet wird und Kohlenstoffmonoxid gleichzeitig abgebaut wird (siehe Abb. 5.25 und Abb. 5.26). Somit steigt auch der Schwefelumsatz unter Zugabe von Wasserdampf, da einerseits mehr Wasserstoff zur Entschwefelung zur Verfügung steht, andererseits der CO-Partialdruck sinkt, und die Inhibierung durch Kohlenstoffmonoxid reduziert wird.

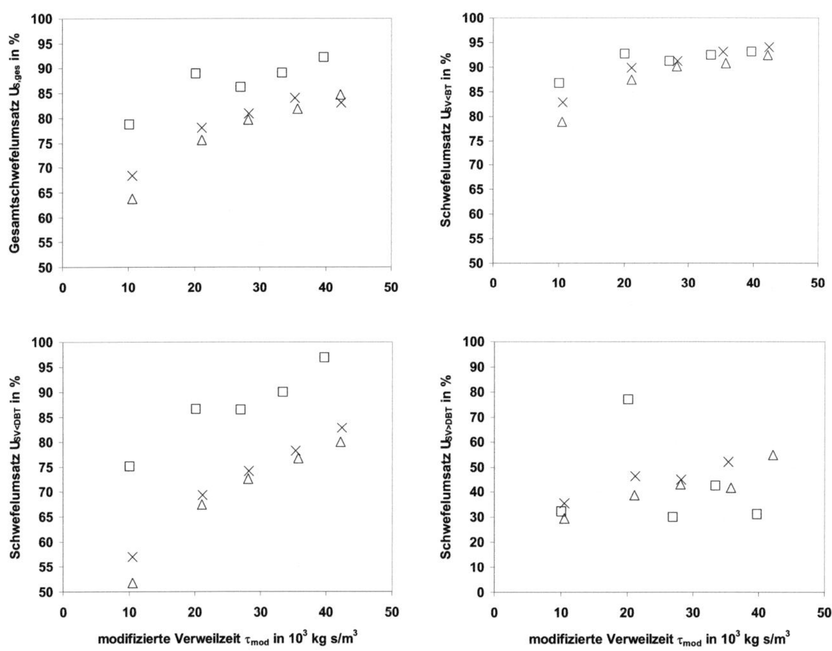

Abb. 5.24: Einfluss von Kohlenstoffmonoxid und Wasser auf den Gesamtschwefelumsatz und den Umsatz der unterschiedlichen Schwefelverbindungsklassen des Heizöls EL-1; $X_V < 40\,\%$.
Versuchsbedingungen: $T = 300\ °C$, $p_{ges} = 4\ bar$, $p_{H2} = 2,5\ bar$
$\square$: $p_{CO} = 0\ bar$, $p_{H2O} = 0\ bar$,
Δ : $p_{CO} = 0,5\ bar$, $p_{H2O} = 0\ bar$
$\times$: $p_{CO} = 0,5\ bar$, $p_{H2O} = 0,5\ bar$.

Bei 300°C und bei einer Verweilzeit von $43 * 10^3$ kg s/m^3 wurden ca. 60 % des eingesetzten Kohlenstoffmonoxids mit Wasser zu Wasserstoff umgesetzt. Jedoch lag der Umsatz noch weit unterhalb des theoretisch zu ereichenden Gleichgewichts (siehe Abb. 5.26). Eine Methanisierung konnte nicht nachgewiesen werden. Aufgrund des Wasserabscheiders liegen die Werte des gemessenen Kohlenstoffdioxids unterhalb des theoretisch möglichen Anteils (siehe auch Kapitel 4.5).

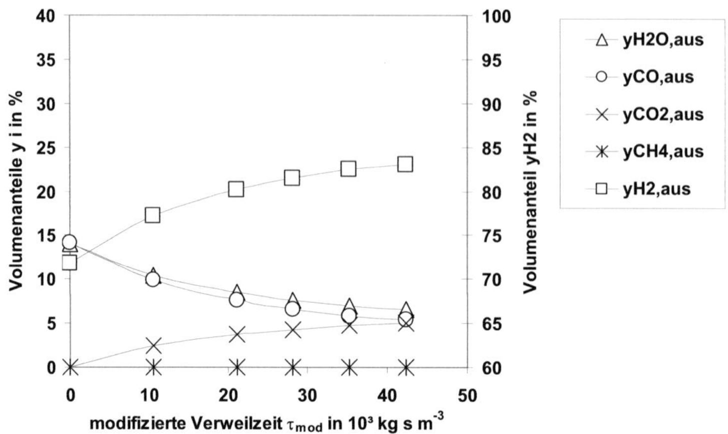

Abb. 5.25: Gaszusammensetzung des Reformats bei unterschiedlichen Verweilzeiten (Versuchsbedingungen:
$T = 300\ °C$, $p_{ges} = 4\ bar$, $p_{H2,ein} = 2{,}8\ bar$, $p_{H2O} = 0{,}6\ bar$, $p_{CO} = 0{,}6\ bar$)

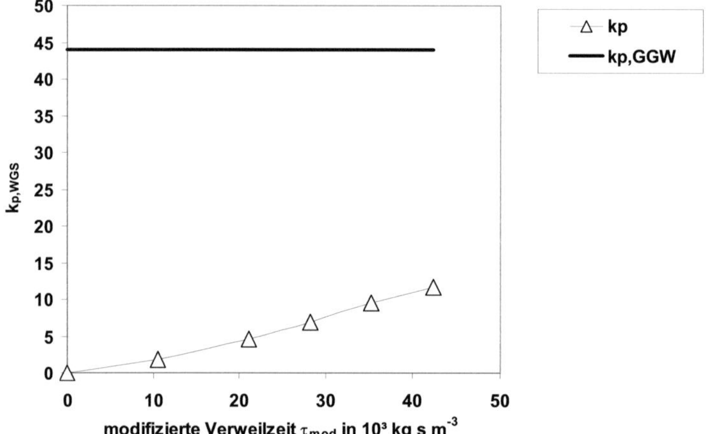

Abb. 5.26: Partialdruckkoeffizient der WGS-Reaktion unter den Bedingungen der Entschwefelung im
Vergleich zum Reaktionsgleichgewicht bei unterschiedlichen Verweilzeiten (Versuchsbedingungen:
$T = 300\ °C$, $p_{ges} = 4\ bar$)

Fazit (Kapitel 5.2):

Aufgrund des niedrigeren Wasserstoffpartialdrucks im Reformat im Vergleich zu reinem Wasserstoff verringert sich die Reaktionsgeschwindigkeit der Entschwefelungsreaktion (siehe auch Kapitel 5.1.2). Zusätzlich wird die Entschwefelungsreaktion durch Verunreinigungen im Reformat inhibiert, wie es die Versuchsreihen mit Reformatbegleitgasen belegen. Insbesondere Kohlenstoffmonoxid hemmt die Entschwefelung. Zusätzlicher Wasserdampf kann dieser Hemmung nur geringfügig entgegenwirken. Die Umsätze liegen ca. 15 % - 20 % unterhalb denen der Versuchsreihen mit reinem Wasserstoff. In Folge dessen sollte für das entwickelte Entschwefelungsverfahren ein möglichst reiner Wasserstoffstrom eingesetzt werden. An dieser Stelle sei noch einmal angemerkt, dass eine Erhöhung des Wasserstoffpartialdrucks durch eine Erhöhung des Gesamtdrucks aufgrund der Teilverdampfung des flüssigen Brennstoffs nicht möglich ist. In einem PEMFC-basierten Brennstoffzellensystem (vgl. Abb. 1.2) könnte das wasserstoffreiche Gas nach der WGS-Stufe entnommen werden, da hier der Wasserstoffanteil am höchsten ist. Bei einem SOFC-basierten Brennstoffzellensystem könnte eine Trocknung des entnommenen Teilstroms eine Tiefentschwefelung unter $x_S < 10$ ppm gewährleisten.

5.3 Formalkinetische Beschreibung

5.3.1 Ohne Wassergas-Shift-Reaktion

Die Verläufe der Konzentrationen der Schwefelverbindungen über der Verweilzeit in den Abb. 5.27 ff zeigen eine erwartungsgemäße Abnahme mit ansteigender Verweilzeit. Eine Rekombination der Verbindungsgruppen SV ≤ DBT und SV ≤ DBT findet nicht nachweislich statt.

Für die Gruppe SV > DBT scheint eine Limitierung des Umsatzes zu existieren, die besonders gut in Abb. 5.28 zu erkennen ist. Wahrscheinlich wird diese Limitierung durch den Gleichgewichtsschritt im Hydrierungsweg (siehe Kapitel 3.1) bewirkt. Diese Limitierung wurde bei der Modellierung berücksichtigt (siehe auch Kapitel 4.6).

Mit den Gleichungen 4.12, 4.13, 4.15 und den in Tab. 5.4 gezeigten Parametern wurden die in Abb. 5.27 und Abb. 5.28 dargestellten Kurven berechnet. Die angegebenen Werte sind nur Näherungswerte, da in Tab. 5.4 weitere Einflussfaktoren der Ölmatrix nicht berücksichtigt wurden. Sie sollen jedoch einen Hinweis geben, inwieweit die unterschiedlichen Verbindungen im Verhältnis zueinander eine Inhibierung der Entschwefelungsreaktion hervorrufen.

Erwartungsgemäß nimmt die Größe der Geschwindigkeitskoeffizienten mit der Siedelage der zugehörigen Schwefelverbindungen ab ($k_{\leq BT} > k_{\leq DBT} > k_{>DBT}$). Der Geschwindigkeitskoeffizient der Rückreaktion der partiell hydrierten Dibenzothiophene (k_{KW}) besitzt mit Abstand den größten Wert. Das bedeutet, dass sich das Gleichgewicht dieses Reaktionsschrittes schnell einstellt.

Die Adsorptionskoeffizienten sortieren sich der Größe nach in folgender Reihenfolge: $K_{H2S} \gg K_{\leq BT} > K_{>DBT} > K_{\leq DBT} \approx K_{H2} > K_{KW}$. Wie zu erwarten war, zeigt Schwefelwasserstoff (H_2S) die größte Neigung zur Adsorption und damit die größte behindernde Wirkung durch Belegen der aktiven Zentren auf dem Katalysator. Auffällig ist der relativ große Adsorptionskoeffizient der Gruppe SV ≤ BT. Zu erklären ist dieses Verhalten damit, dass in dieser Gruppe aliphatische Schwefelverbindungen enthalten sind, die auf ähnliche Weise wie H_2S adsorbieren können. Danach folgen die Schwefelverbindungen mit dem höchsten Siedepunkt (SV < DBT).

Tab. 5.4:   *Parameter aus der Anpassung für 300°C*

Parameter	Wert	Einheit
$k_{\leq BT}$	$3{,}46 * 10^{-02}$	Mol/(kg*s)
$k_{\leq DBT}$	$2{,}08 * 10^{-02}$	Mol/(kg*s)
$k_{>DBT}$	$1{,}47 * 10^{-02}$	Mol/(kg*s)
k_{KW}	$4{,}64 * 10^{03}$	Mol/(kg*s)
K_{H2}	1,12	1/Pa
$K_{\leq BT}$	2,64	1/Pa
$K_{\leq DBT}$	1,12	1/Pa
$K_{>DBT}$	1,87	1/Pa
K_{KW}	0,59	1/Pa
K_{H2S}	$2{,}93 * 10^{02}$	1/Pa

Die Parameter wurden mit Hilfe der Messergebnisse aller Siedefraktionen des Heizöls EL-2 angepasst. Beispielhaft sind die Messergebnisse und die berechneten Werte der formalkinetischen Beschreibung der Siedefraktionen Xv ≤ 20 % und Xv ≤ 40 % dargestellt (siehe Abb. 5.27 und Abb. 5.28). Die Modellierung der Versuchsreihe mit der Fraktion Xv ≤ 20 % zeigt für die Gruppe SV ≤ DBT eine gute Übereinstimmung und für die Gruppe SV > DBT größere Abweichungen des Modells von den Messwerten. Allerdings handelt es sich bei diesen Abweichungen nur um wenige ppm an Schwefelverbindungen. So ist, wie das vierte Bild in Abb. 5.27 zeigt, der Einfluss dieser Gruppe auf die Entstehung von H_2S und damit den Gesamtschwefelumsatz gering.

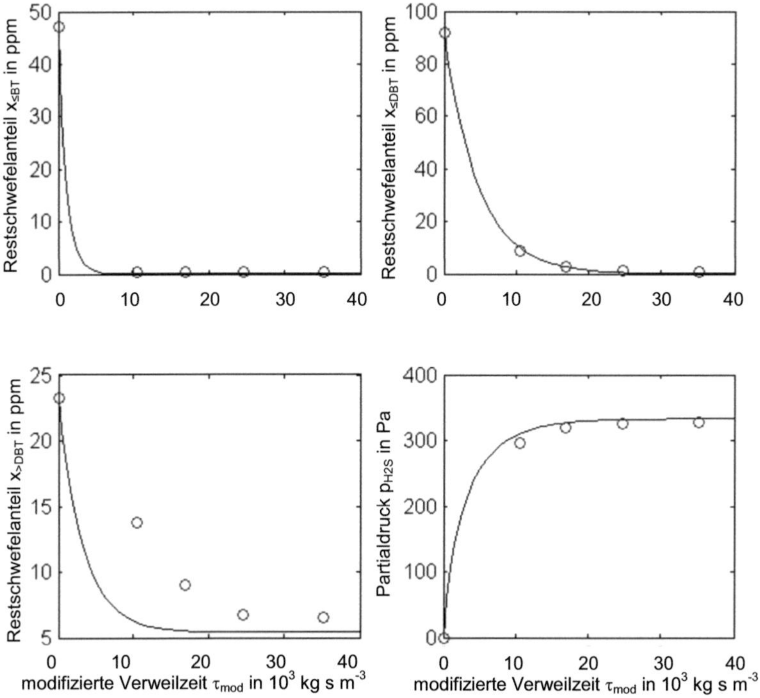

Abb. 5.27: Simulation der Restschwefelanteilverläufe und Partialdruckverlauf des Heizöls EL-2 (Versuchsbedingungen: T = 300 °C, $H_2/_{Öl}$ =366 L/kg, p_{ges} = 4 bar; Linie: berechnete Werte, Kreise: Messwerte) Siedefraktion Xv ≤ 20 %

Die Modellierung des Entschwefelungsverhaltens der nächst schwereren Siedefraktion (siehe Abb. 5.28) kann die Messergebnisse gut wiedergeben. Bei dieser Messreihe trägt die Gruppe SV > DBT am stärksten (verglichen mit den anderen Gruppen) zum verbleibenden Gesamtschwefelanteil bei. Das Gleichgewicht der alkylierten Dibenzothiophene (SV > DBT) kann mit dem Modell gut beschrieben werden.

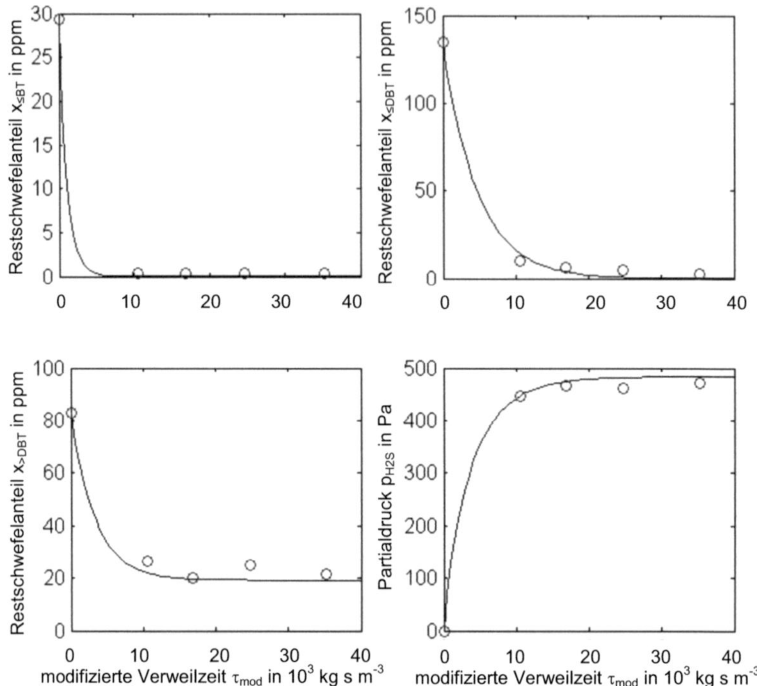

Abb. 5.28: Simulation der Restschwefelanteilverläufe und Partialdruckverlauf des Heizöls EL-2 (Versuchsbedingungen: T = 300 °C, $H_2/_{Öl}$ =366 L/kg, p_{ges} = 4 bar; Linie: berechnete Werte, Kreise: Messwerte) Siedefraktion Xv ≤ 40 %

5.3.2   Mit Wassergas-Shift-Reaktion

Um den Einfluss der Reformatgasbestandteile simulieren zu können, wurden ein weiterer Geschwindigkeitskoeffizient k_5 für die WGS-Reaktion sowie drei weitere Adsorptionsparameter (K_{CO}, K_{H2O} und K_{CO2}) eingeführt (siehe Tab. 5.5). Die Werte der bereits bekannten Parameter wurden aus der obigen formalkinetischen Beschreibung ohne WGS-Reaktion übernommen (vgl. Tab. 5.4).

Der Geschwindigkeitskoeffizient der WGS-Reaktion befindet sich in der Größenordnung derer der Gruppen SV ≤ BT und SV ≤ DBT.

Die Adsorptionskonstanten der Reformatgasbestandteile verhalten sich wie erwartet. So besitzen Wasser und CO unter den Reformatgasbestandteilen die größten

Adsorptionskoeffizienten, gefolgt von CO_2. Diese Beobachtung stimmt mit den Erkenntnissen von Lee et al. [185] überein.

Tab. 5.5: Parameter für die Anpassung mit Modellreformat

Parameter	Wert	Einheit
$k_{\leq BT}$	$3,46*10^{-02}$	Mol/(kg*s)
$k_{\leq DBT}$	$2,08*10^{-02}$	Mol/(kg*s)
$k_{> DBT}$	$1,47*10^{-02}$	Mol/(kg*s)
k_{KW}	$4,64*10^{+03}$	Mol/(kg*s)
k_{WGSR}	$1,83*10^{-02}$	Mol/(kg*s)
K_{H2}	1,12	1/Pa
$K_{\leq BT}$	2,64	1/Pa
$K_{\leq DBT}$	1,12	1/Pa
$K_{> DBT}$	1,87	1/Pa
K_{CO}	0,97	1/Pa
K_{H2O}	1,29	1/Pa
K_{CO2}	0,65	1/Pa
K_{KW}	0,58	1/Pa
K_{H2S}	$2,93*10^{02}$	1/Pa

In Abb. 5.29 ist die Modellierung der Abreaktion der Schwefelverbindungen der Siedefraktion Xv ≤ 20 % mit In-situ-WGS dargestellt. Vergleicht man diese Abbildung mit Abb. 5.27, in der die Entschwefelung der gleichen Siedefraktion ohne In-situ-WGS dargestellt ist, so zeigt sich jetzt ein flacherer Kurvenverlauf. Ursache dafür sind die zusätzlichen Adsorptionsparameter, welche die Reaktionsgeschwindigkeit verkleinern.

Die Auswertung der Versuche bei unterschiedlichen Reaktortemperaturen führte leider zu keinen sinnvollen Ergebnissen. Dies lag vermutlich an einer zu frühen Probeentnahme, so dass keine konstanten Bedingungen im Reaktor vorlagen.

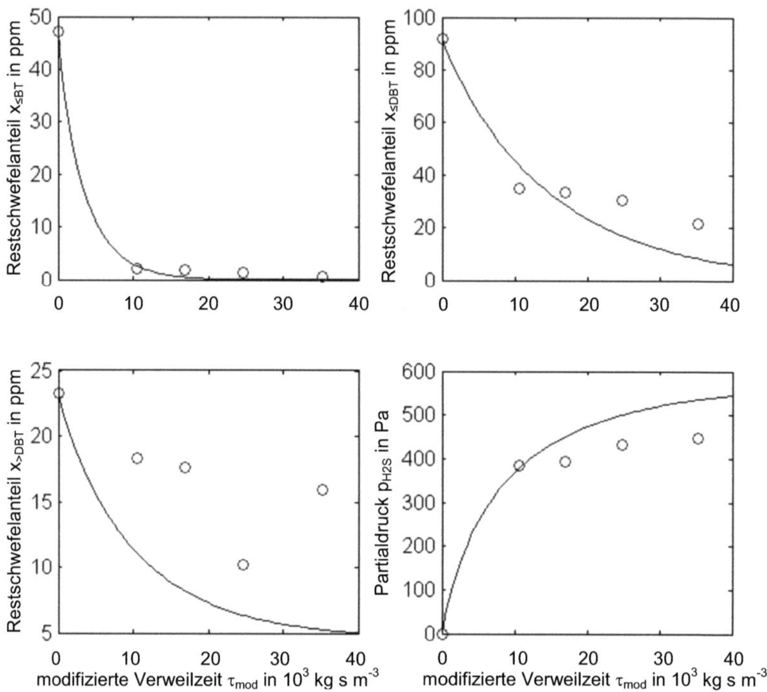

Abb. 5.29: Simulation der Restschwefelanteilverläufe und Partialdruckverlauf (Versuchsbedingungen: T = 300 °C, $H_2/_{Öl}$ =366 L/kg, p_{ges} = 6,8 bar, y_{H2} = 0,43, y_{CO} = 0,14, y_{H2O} = 0,29; Linie: berechnete Werte, Kreise: Messwerte) Siedefraktion Xv ≤ 20 %

Mit längerer Verweilzeit werden parallel zur Entschwefelungsreaktion verstärkt H_2O und CO zu H_2 und CO_2 umgesetzt (siehe Abb. 5.30). Es zeigt sich, dass das Modell auch in der Lage ist, den Verlauf der Abreaktion von H_2O und CO bzw. der Bildung von CO_2 qualitativ darzustellen.

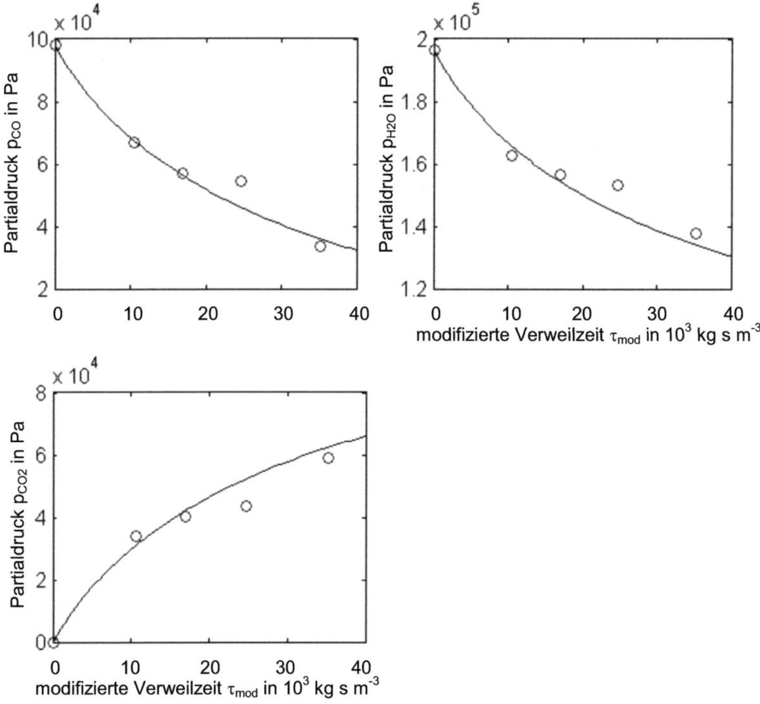

Abb. 5.30: Simulation der Partialdruckverläufe der Reformatgasbestandteile (Linie: berechnete Werte, Kreise: Messwerte)

Auch im Vergleich von Abb. 5.31 mit Abb. 5.28 lässt sich eine Verflachung der Kurven und daher eine Verlangsamung der Reaktionsgeschwindigkeit durch die Reformatgasbestandteile erkennen. Die Messwerte der Umsetzung der SV > DBT zeigen keinen eindeutigen Verlauf, was sich dann auch im Verlauf des gebildeten Schwefelwasserstoffs niederschlägt.

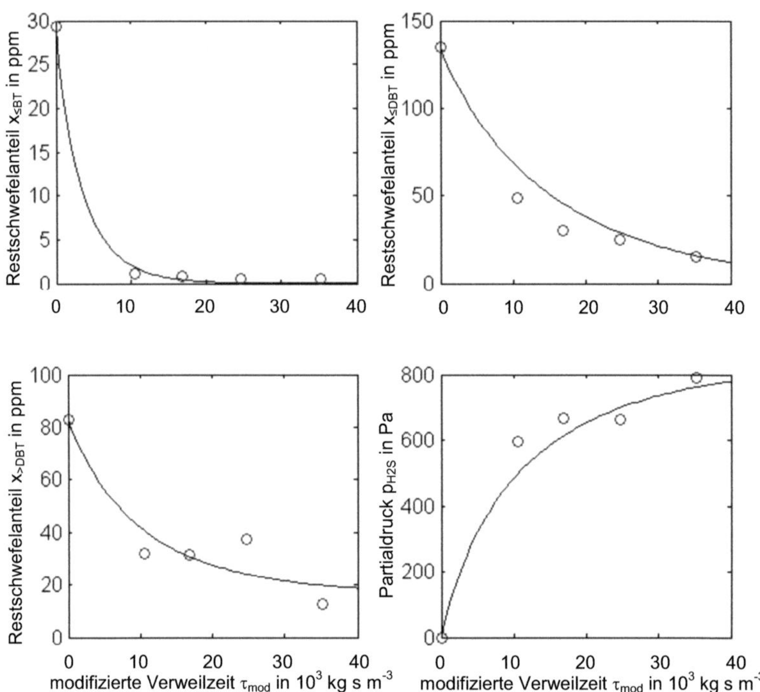

Abb. 5.31: Simulation der Restschwefelanteilverläufe und Partialdruckverlauf (Versuchsbedingungen: $T = 300$ °C, $H_2/_{Öl} = 366$ L/kg, $p_{ges} = 6,8$ bar, $y_{H2} = 0,43$, $y_{CO} = 0,14$, $y_{H2O} = 0,29$; Linie: berechnete Werte, Kreise: Messwerte) Siedefraktion $Xv \leq 40$ %

Wiederum zeigt sich eine gute Wiedergabe des Einflusses der Reformatgasbestand-teile durch das formalkinetische Modell (vgl. Abb. 5.32).

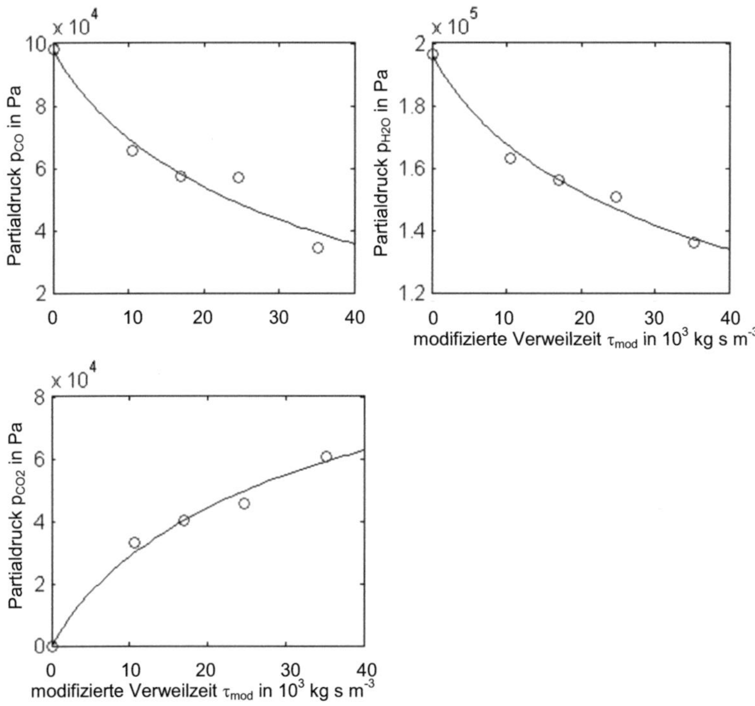

Abb. 5.32: Simulation der Partialdruckverläufe der Reformatgasbestandteile (Linie: berechnete Werte, Kreise: Messwerte)

5.3.3 Anwenden des kinetischen Modells auf eine unterschiedliche Ölmatrix

Um die Übertragbarkeit des Modells auf ein ähnliches Öl bzw. Heizöl mit einer unterschiedlichen Schwefelzusammensetzung zu überprüfen, wurde das anhand der Messwerte von Heizöl EL-2 angepasste Modell auf die Messwerte der Heizöl-entschwefelung von Heizöl EL-1 angewandt. Trotz unterschiedlicher Ölmatrix und anderer Ausgangszusammensetzung müsste eine ähnliche Kinetik zugrunde liegen.

Abb. 5.33 zeigt, dass das Modell auch für andere Ausgangszusammensetzungen tendenziell den Verlauf der Entschwefelung abbilden kann. Allerdings muss davon ausgegangen werden, dass in der Analyse nicht erfasste Verbindungen einen Unterschied bewirken. Vor allem aromatische Stickstoffverbindungen werden vom Modell nicht berücksichtigt. Diese haben durch konkurrierende Adsorption auf der

Katalysatoroberfläche Einfluss auf die hydrierende Entschwefelung und müssten für ein besser allgemeingültiges Modell berücksichtigt werden.

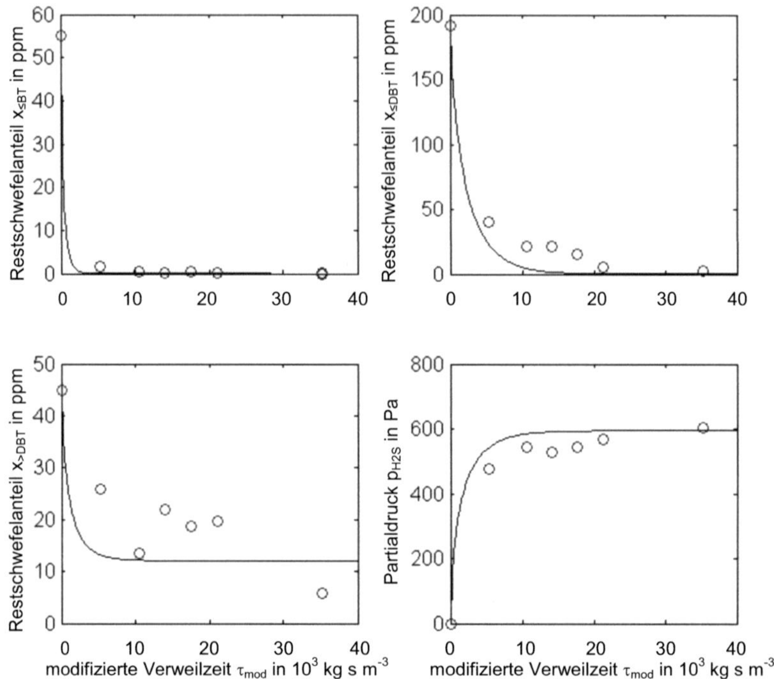

Abb. 5.33: Anwendung des Modells auf die experimentellen Versuchsergebnisse mit Heizöl EL-1. Versuchsbedingungen: $Xv \leq 40\,\%$; $p_{ges} = 4bar$; $T = 300\,°C$

6 Schlussfolgerungen

Ein neues Verfahren zur dezentralen Entschwefelung flüssiger Brennstoffe für die Brennstoffzellenanwendung wurde anhand von Erfahrungen am Engler-Bunte-Institut und der Sichtung von Literatur erarbeitet und im Labormaßstab dargestellt. Weiterführend sind experimentelle Messungen zur Entschwefelung von partiell verdampftem flüssigem Brennstoff durchgeführt worden, da Literaturwerte für den Betriebsparameterbereich einer Brennstoffzelle in der Literatur nur unzureichend vorhanden waren. Des Weiteren waren keine experimentellen Untersuchungen zur hydrierenden Entschwefelung mit realem Reformat, das neben Wasserstoff noch Wasserdampf, Kohlenstoffmonoxid und Kohlenstoffdioxid enthält, bei den gewählten Betriebsparametern bekannt. Somit wurden orientierende Versuchsreihen zur Entschwefelung von Heizöl in der Gasphase mit Modellreformat durchgeführt und ausgewertet.

Die Vorversuche mittels Engler-Destillation (nach EN ISO 3405) und die Teilverdampfung der Brennstoffe in der Laboranlage zeigten, dass der Schwefelanteil durch eine Teilverdampfung im Destillat reduziert und insbesondere schwer umsetzbare Schwefelverbindungen ausgehalten werden können. Fünf unterschiedliche Heizölfraktionen mit Verdampfungsanteilen von $Xv \leq 5\ \%$; $Xv \leq 10\ \%$; $Xv \leq 20\ \%$; $Xv \leq 40\ \%$ und $Xv \leq 60\ \%$ wurden mit der Laboranlage hergestellt und weitergehend untersucht. Es zeigte sich, dass die leichtesten zwei Heizölfraktionen bis unter 10 ppm und die Heizölfraktion $Xv \leq 20\ \%$ bis ca. 10 ppm bei den gewählten Betriebsbedingungen entschwefelt werden konnten. Hierbei wurden Umsätze des Gesamtschwefels von bis zu 95 % erreicht. Wird die Schwefelreduktion durch die Teilverdampfung mitberücksichtigt, können hierbei Schwefelreduktionen von bis zu 99,6 % erzielt werden.

Um den Anteil an schwer umsetzbaren Schwefelverbindungen zu reduzieren und die Menge an Verdampfungsrückstand des Heizöls bzw. die Ölmenge, die gefördert und erhitzt werden muss, zu minimieren, wurden weiterführende Versuche mit variierten Verdampfungsanteilen durchgeführt.

Durch eine Erhöhung der Verweilzeit, der Temperatur und des H_2/Öl-Verhältnisses kann der Umsatz der Schwefelverbindungen erhöht werden. Die Versuchsreihen mit reinem Wasserstoff zeigten, dass mit dem untersuchten Katalysator und dem eingesetzten Heizöl eine Tiefentschwefelung auf $x_S \leq 10$ ppm möglich ist, aber eine komplette Entschwefelung ($x_S \leq 1$ ppm) aufgrund einer Gleichgewichtslimitierung der alkylierten Dibenzothiophene nicht erreicht werden kann.

In einem Brennstoffzellensystem steht meist kein reiner Wasserstoff für die Entschwefelungsreaktion zur Verfügung. Dies wurde in weiteren Versuchsreihen mit den Begleitgasen Kohlenstoffmonoxid und Wasserdampf berücksichtigt. Aufgrund von adsorptiven Effekten verringert sich der Schwefelumsatz ($U_{S,ges} \leq 80$ %) im Vergleich zu den Versuchsreihen mit reinem Wasserstoff. Deshalb sollte ein möglichst wasserstoffreiches Gas für die Entschwefelung eingesetzt werden.

Während der gesamten Versuchsdauer konnte keine Degradation des eingesetzten Katalysators festgestellt werden. Jedoch sind weitere Versuche notwendig, um das Langzeitverhalten bzw. die Deaktivierung des Katalysators, insbesondere bei niedrigen H_2/Öl-Verhältnissen, zu untersuchen. Außerdem sind weitere Messungen erforderlich, um den Einfluss der Reformatgasbestandteile auf die Entschwefelungsreaktion und die Standzeit des Katalysators näher zu untersuchen.

Das erstellte formalkinetische Modell konnte die experimentellen Daten der Entschwefelungsreaktion und der WGS-Reaktion gut darstellen und auf ein weiteres Heizöl (Heizöl EL-1) mit zufriedenstellendem Ergebnis übertragen werden.

Literaturverzeichnis

[1]   Galvani, L.: Commentary on the Effect of Electricity on Muscular Motion - A Translation of Luigi Galvani's De Viribus Electricitatis in Motu Musculari Commentarius by R.M. Green. Herausgegben von E. Licht, Waverly Press, Inc., Baltimore, Maryland, 1953

[2]   Ostwald, W.: Die Entwicklung der Elektrochemie in gemeinverständlicher Darstellung. J.A. Barth, Leipzig, 1910

[3]   Volta, A.: Galvanismus und Entdeckung des Säulenapparates. Untersuchungen über den Galvanismus und Entdeckung des Säulenapparates: 1796 bis 1800 (aus dem Ital. übersetzt), Herausgegeben von A. J. Oettingen, W. Engelmann, Leipzig, 1900

[4]   Schoenbein, C.F.: On Voltaic Polarization of certain Solid and Fluid Substances. The London and Edinburgh Philosophical Magazine and Journal of Science 14 ,1839, 43-45

[5]   Grove, W.R.; On Voltaic Series and the Combination of Gases by Platinum. The London and Edinburgh Philosophical Magazine and Journal of Science 14,1839, 127-130

[6]   Bacon, F.T.: Research into the Properties of the Hydrogen-Oxygen Fuel Cell. Beama J. 61, 1954, 6-12

[7]   Schmid, A.: Die Diffusionsgaselektrode. Enke, Stuttgart, 1923

[8]   N.N.: Brennstoffzelle – Innovation für die Haustechnik von morgen, Informations-CD; Bundesinstitut für Berufsbildung. Vaillant GmbH, Initiative Brennstoffzelle, Forschungsgruppe Praxisnahe Berufsbildung, 2002

[9]   Oniciu, L.: Fuel Cells. Abacus Press, Turnbridge Wells, 1976

[10]   N.N.: Zusammenfassung des TAB-Arbeitsberichtes Nr. 67 „Brennstoffzellen-Technologie". Büro für Technikfolgen-Abschätzung beim Deutschen Bundestag (TAB), Dezember 2000

[11]   Pokojski, M.: Die erste 250 kW PEM Brennstoffzelle in Europa - Betriebserfahrungen. In: Heinzel, A.; Mahlendorf, F.; Roes, J.: Brennstoffzellen – Entwicklung Technologie, Anwendung. 3. Auflage, C.F. Müller Verlag, Heidelberg, 2006

[12]   Zhang, J.; Xie, Z.; Zhang, J.; Tang, Y.; Songa, C.; Navessin, T.; Shi, Z.; Songa, D.; Wang, H.; Wilkinson, D.P.; Liu, Z.-S.; Holdcroft, S.: High temperature PEM fuel cells, J. Power Sources 160, 2006, 872–891

[13]   Li, Q.; He, R.; Jensen, J.O.; Bjerrum, d.N.J.: Approaches and recent development of polymer electrolyte membranes for fuel cells operating above 100 °C. Chem. Mater. 15, 2003, 4896–4915

[14]   Jannasch, P.: Recent developments in high-temperature proton conducting polymer electrolyte membranes. Current Opinion in Colloid and Interface Science 8, 2003, 96-102

[15]   de Wild, P.J.; Nyquist, R.G.; de Bruijn, F.A.: Removal of Sulphur-Containing Odorants from Natural Gas for PEMFC-Based Micro-Combined Heat ad Power Applications. Fuel Cell Seminar, Palm Springs, CA, USA, Nov. 2002

[16]   Fergus, J.W.: Electrolytes for Solid Oxide Fuel Cells. Journal of Power Sources 162, 2006, 30-40

[17]   Israelson, G.: Results of Testing Various Natural Gas Desulfurization Adsorbents. Journal of Materials Engineering and Performance 13, 2004, 282-286

[18]   Brune, M.; Henrich, T.; Reimert, R.: Verfahren zur Entschwefelung von flüssigen Brenn- und Kraftstoffen für das Betreiben von Brennstoffzellen-systemen. DECHEMA und GVC- Jahrestagung, Karlsruhe, 2004

[19]   Hiller, H.; Reimert, R.: Gas Production (Chap. 1). In: Ullmann's Encyclopedia of Industrial Chemistry, Wiley-VCH, Weinheim, Online-Veröffentlichung: Dez. 2006

[20]   Divisek, J.; Oetjen, H.-F.; Peinecke, V.; Schmidt, V.M.; Stimmig, U.: Components for PEM fuel cell systems using hydrogen and CO containing fuels. Electrochimica Acta 43, 1998, 3811-3815

[21]   Ledjeff-Hey, K.; Roes, J.; Wolters, R.: CO_2-scrubbing and methanation as purification system for PEFC. Journal of Power Sources 86, 2000, 556-561

[22]   Orr, W.L.: Geochemistry of Sulfur in Fossil Fuels. American Chemical Society, Washington (DC), 1990

[23]   Irion, W.W.; Neuwirth, O.S.: Oil Refining. In: Ullmann's Encyclopedia of Industrial Chemistry, Wiley-VCH, Weinheim, 6. Ausgabe, 2003

[24]   Horn, M.; Higman, C.; von Garnier, A.; Marscheider-Weidemann, F.: Auswirkungen der in Deutschland und in Ländern der EU bestehenden Umweltschutzanforderungen auf die Wettbewerbssituation der deutschen Mineralölwirtschaft. BMWA-Projekt 51/03, Berlin

[25]   N.N.: Mineralölzahlen. Mineralölwirtschaftsverband e.V. (Hrsg.), 2005

[26] Eichenhofer, K.-W.; Huder, K.; Winkler, E.; Daum, K.: Schwefel und anorganische Schwefelverbindungen. In: Winnacker, K.; Küchler, L.: Chemische Technik - Anorganische Grundstoffe, Zwischenprodukte. Band 3, 5. Aufl., Roland Dittmeyer (Hrsg.), Weinheim, Wiley-VCH, 2005

[27] Martin, R.L.; Grant, J.A.: Determination of Thiophenic Compounds by Types in Petroleum Samples. Anal. Chem. 37, 1965, 649-657

[28] Schulz, H.; Munir, M.: Schwefelverbindungen in Erdöl und Erdölprodukten. Erdöl und Kohle 25, 1972, 14-21

[29] Babich, I.V.; Moulijn, J.A.: Science and technology of novel processes for deep desulfurization of oil refinery streams: a review. Fuel 82, 2003, 607-631

[30] Kaufmann, T.G.; Kaldor, A.; Stuntz, G.F.; Kerby, M.C.; Ansell, L.L.: Catalysis science and technology for cleaner transportation fuels. Catal. Today 62, 2000, 77-90

[31] Miller, J.T.; Reagan, W.J.; Kaduk, J.A.; Marshall, C.L.; Kropf, A.J.: Selective Hydrodesulfurization of FCC Naphtha with Supported MoS_2 Catalysts: The Role of Cobalt. Catal. 193, 2000, 123-131

[32] Hatanaka, S.; Yamada, M.; Sadakane, O.: Hydrodesulfurization of Catalytic Cracked Gasoline. 1. Inhibiting Effects of Olefins on HDS of Alkyl(benzo)thiophenes Contained in Catalytic Cracked Gasoline. Ind. Eng. Chem. Res. 36, 1997, 1519-1523

[33] Cheng, W.C.; Kim, G.; Peters, A.W.; Zhao, X.; Rajagopalan, K.; Ziebarth, M.S.; Pereira, C.J.: Environmental Fluid Catalytic Cracking Technology. Catal. Rev.-Sci. Eng. 40, 1998, 39-80

[34] Alkemade, U.; Dougan, T.J.: New Catalytic Technology for FCC Gasoline Sulfur Reduction without Yield Penalty. Catalysts in Petroleum Refining and Petrochemical Industries (Proceedings), 1995, 303-311

[35] Corma, A.; Martinez, C.; Ketley, G.; Blair, G.: On the mechanism of sulfur removal during catalytic cracking. Appl. Catal. A: Gen. 208, 2001, 135-152

[36] Rachner, M.: Die Stoffeigenschaften von Kerosin Jet A-1. Mitteilung 98-01, Deutsches Zentrum für Luft und Raumfahrt, Köln, 1998

[37] Zerbe, C.: Mineralöle und verwandte Produkte. Springer Verlag, Berlin, 1969, 284

[38] Ma, X., Sakanishi, K.; Mochida, I.: Hydrodesulfurization Reactivities of Various Sulfur Compounds in Diesel Fuel. Ind. Eng. Chem. Res. 33, 1994, 218-222

[39] Ma, X., Sakanishi, K.; Isoda, T., Mochida, I.: Determination of sulfur compounds in non-polar fraction of vacuum gas oil. Fuel 76, 1997, 329-339

[40]   Schulz, H.; Böhringer, W.; Waller, P.; Ousmanov, F.: Gas Oil Deep Hydrodesulfurization: Refractory Compounds and Retarded Kinetics. Catalysis Today, 49, 1999, 87-97

[41]   Maddox, R.N.; Morgan, D.J.: Gas Conditioning and Processing. 4. Auflage, Campbell Petroleum Series, Oklahoma, 1998, Volume 4: Gas Treating and Liquid Sweetening

[42]   Brunet, S.; Mey, D.; Pérot, G.; Bouchy, C.; Diehl, F.: On the Hydrodesulfurization of FCC Gasoline: a Review. Applied Catalysis A: Genaral. 278, 2005, 143-172

[43]   Fröhling, J.-C.: Zusammensetzung von Dieselkraftstoffen aus deutschen Raffinerien – Sommerware 2003. DGMK Forschungsbericht 583-1, Hamburg, 2004

[44]   Fröhling, J.-C; Ludzay, J.: Zusammensetzung von Dieselkraftstoffen aus deutschen Raffinerien, 2002. DGMK Forschungsbericht 583, Hamburg, 2002

[45]   Gorek, W.: Zusammensetzung von Heizöl EL, Standard – Produktqualität 2004. DGMK Forschungsbericht 635, Hamburg, 2005

[46]   Schmiedel, H.: Zusammensetzung von Ottokraftstoffen aus deutschen Raffinerien – Winterware 2001/2002. DGMK Forschungsbericht 502-1, Hamburg, 2003

[47]   Palm, C.; Cremer, P.; Peters, R.; Stolten, D.: Small-scale testing of a precious metal catalyst in the autothermal reforming of various hydrocarbon feeds. Journal of Power Sources 106, 2002, 231-237

[48]   Silvy, R.P.: Global Refining catalyst industry will achieve strong recovery by 2005. Oil Gas Journal, 100, Heft 36, 2002, 48-57

[49]   Zapata, B.; Pedraza, F.; Valenzuela, M. A.: Catalyst screening for oxidative desulfurization using hydrogen peroxide. Catalysis Today 106, 2005, 219-221

[50]   Ali, M.F, Al-Malki, A.; El-Ali, B.; Martinie, G.; Siddiqui, M. N.: Deep Desulphurization of gasoline and diesel fuels using non-hydrogen consuming techniques. Fuel 85, 2006, 1354-1363

[51]   Nero, V.; DeCanio, S.J.; Rappas, A.S.; Levy, R.E.; Lee, F.-M.: Oxidative Process for Ultra-Low Sulfur Diesel. Petroleum Chemistry Division Preprints 47, 2002, 41

[52]   N.N.: An attractive process for producing ULS products - UniPure has developed a novel oxidative desulphurisation process for ultra-low sulphur products. Sulphur 2003, 2003, 41-45

[53]   Gunnerman, R. W.: Ultrasound-hydroperoxide-based oxidative desulfurization of petroleum refinery streams. PCT Int. Appl. WO 02 74, 884 (Cl. C10L1/00), 26 Sep 2002, US Appl. 812, 390, aus Fuel and Energy Abstracts 44, 2003, 213

[54]   Gentry, J.; Khanmemedov, T.; Weetcherly, R.R.: Gt-Desulfsm Takes a Profitable Look at Desulfurization. Chemistry and Technology of Fuels and Oils 38, 2002, 150-153

[55]   Bonde, S.E.; Gore, W.; Dolbear, G.: DMSO Extraction of Sulfones from Selectively Oxidized Fuels. Petroleum Chemistry Division Preprints 44, 1999, 199-201

[56]   Ito, E.; van Veen, J.A.R.: On Novel Processes for Removing Sulphur from Refinery Streams. Catalysis Today 116, 2006, 446-460

[57]   Farrauto, R.J.: Desulfurizing Hydrogen for Fuel Cells. Fuel Cell Magazine, www.fuelcell-magazine.com, Dec. 2003/ Jan. 2004

[58]   Lampert, J.: Selective Catalytic Oxidation: A New Catalytic Approach the Desulfurization of Natural Gas and Liquid Petroleum Gas for Fuel Cell Reformer Applications. Journal of Power Sources, 131, 2004, 27-34

[59]   Falbe, J.; Regitz, M.: Römpp-Lexikon Chemie. 9. Auflage; Thieme Verlag; Stuttgart, 1995

[60]   Alexander, B.D.; Huff, G.A.; Pradhan, V.R.; Reagan, W.J.; Cayton, R.H.: Sulfur Removal Process, United States Patent 6,024,865, 2000

[61]   N.N.: First OATS® Desulphurisation Unit Starts Production. www.bp.com, BP Press Release, 12.11.2001

[62]   Lübcke, T.; Kettner, R.: Natural Gas in: Ullmann's Encyclopedia of Industrial Chemistry, Wiley-VCH, Weinheim, 6. Ausgabe, 2003

[63]   Bowman, D.F.: Selective H_2S removal with SulFerox. European Chapter, Gas Processors Association Meeting, London, GB, 26.09.1991

[64]   Funakoshi, I.; Aida, T.: Process for recovering organic sulfur compounds from fuel oil. US Patent 5753102, 1998

[65]   Petkov, P; Tasheva, J; Jordanov, D; Stratiev, D: Mineralölprodukte - Extraktionsverfahren zur Entschwefelung von Heizöl. Erdöl, Erdgas, Kohle, 121, 2005, Nr. 10, 345-347

[66]   Forte, P.: Process for the removal of sulfur from petroleum fractions. US Patent 5582714, 1996

[67]   Bösmann, A.; Datsevitch, L.; Jess, A.; Lauter, A.; Schmitz, C.; Wasserscheid, P.: Deep Desulfurization of Diesel Fuel by Extraction with Ionic Liquids. Chem. Commun., 2001, 2494-2495

[68]   Jess, A.; Wasserscheid, P.: Tiefentschwefelte Kraftstoffe. UWSF - Umweltwissenschaften und Schadstoff-Forschung 14, 2002, 145-154

[69]   Uerdingen, M.: Entschwefelung von Dieselkraftstoff. Chemie in unserer Zeit 38, 2004, 212-213

[70]   Ma, X.; Song, C.: Adsorptive desulfurization of gasoline over a nickel-based adsorbent for fuel cell applications. Petroleum Chemistry Division Preprints 49 (Symposium on Advances in Petroleum Processing and Clean Energy Technology, 228th National Meeting, Philadelphia, PA, August 22-26), 2004, 321-325

[71]   Ma, X.; Sprague, M.; Song, C.: Deep Desulfurization of Gasoline by Selective Adsorption over Nickel-Based Adsorbent for Fuel Cell Applications. Industrial and Engineering Chemistry Research 44, 2005, 5768-5775

[72]   Velu, S.; Ma, X.; Song, C.; Namazian, M.; Sethuraman, S.; Venkataraman, G.: Desulfurization of JP-8 Jet Fuel by Selective Adsorption over a Ni-based Adsorbent for Micro Solid Oxide Fuel Cells. Energy and Fuels 19, 2005, 1116-1125

[73]   Irvine, R.L.: Process for desulfurizing gasoline and hydrocarbon feedstock. US Patent 5730860, 1998

[74]   Sano, Y.; Sugahara, K.; Choi, K.-H.; Korai, Y.; Mochida, I.: Two-step adsorption process for deep desulfurization of diesel oil. Fuel 84, 2005, 903-910

[75]   Song, C.; Ma, X.: New design approaches to ultra-clean diesel fuels by deep desulfurization and deep dearomatization. Appl. Catal. B: Environ. 41, 2003, 207-238

[76]   Hernández-Maldonado, A.J.; Yang, R.T.: Desulphurization of Diesel Fuel via π-Complexation with Nickel(II)-Exchanged X- and Y-Zeolites. Ind. Eng. Chem. Res., 2004, 43, 1081-1089

[77]   Sano, Y.; Choi, K.-H.; Korai, Y.; Mochida, I.: Adsorptive removal of sulfur and nitrogen species from a straight run gas oil over activated carbons for its deep desulfurization. Applied Catalysis B: Environmental 49, 2004, 219-225

[78]   Velu, S.; Ma, X.; Song, C.: Zeolite-Based Adsorbents for Desulfurization of Jet Fuel by Selective Adsorption. Fuel Chemistry Division 47, 2002, 447-448

[79]   Ma, X.; Sun, L.; Song, C.: A new Approach to deep desulfurization of gasoline, diesel fuel and jet fuel by selective adsorption for ultra-clean fuels and for fuel cell applications. Catalysis Today 77; 2002, 107-116

[80]   Hernández-Maldonado, A.J.; Yang, R.T.: Desulfurization of Transportation Fuels by Adsorption. Catalysis Reviews 46, 2004, 111-150

[81]   Twigg, M.V.; Catalyst Handbook. Wolfe Publishing Ltd, London, 1989

[82]   N.N.: Firmenpublikation Sulfur Removal. Süd-Chemie AG, München

[83]   Novochinskii, I.I.; Song, C.; Ma, X.; Liu, X.; Shore, L., Lampert, J.; Farrauto, R.: Low-Temperature H_2S Removal from Steam-Containing Gas Mixtures with ZnO Particles and Extrudates. Energy & Fuels 18, 2004, 576-583

[84]   Novochinskii, I.I.; Ma, X.; Song, C.; Lampert, J.; Shore, L.; Farrauto, R.: A ZnO-Based Sulfur Trap for H_2S Removal from Reformate of Hydrocarbons for Fuel Cell Applications. AIChE, 2001, 98-105

[85]   Sasaoka, E.; Hirano, S.; Kasaoka, S.; Sakata, Y.: Characterization of Reaction between ZnO and H_2S. Energy & Fuels 8, 1994, 1100-1105

[86]   Sasaoka, E.; Taniguchi, K.; Hirano, S.; Uddin, M.A.; K., S.; Kasaoka, S.; Sakata, Y.: Catalytic Activity of ZnS Formed from Desulfurization Sorbent ZnO for Conversion of COS to H_2S. Ind. Eng. Chem. Res., 34, 1995, 1102-1106

[87]   Sasaoka, E.; Taniguchi, K.; Hirano, S.; Uddin, M.A.; K., S.; Kasaoka, S.; Sakata, Y.: Characterization of Reaction between ZnO and COS. Ind. Eng. Chem. Res. 35, 2389-2394, 1996

[88]   Rosso, I.; Galletti, C.; Bizzi, M.; Saracco, G.; Specchia, V.: Zinc Oxide Sorbents for the Removal of Hydrogen Sulfide from Syngas. Ind. Eng. Chem. Res. 42, 2003, 1688-1697

[89]   Wang, X. Krause, T.; Kumar, R.: Sulfur Removal from Reformate. Petroleum Chemistry Division Preprints 48 (225th 225th American Chemical Society National Meeting, New Orleans, LA, March 23–27), 2003, 60-62

[90]   Henning, D.; Schäfer, S.: Impregnated Activated Carbon for Environmental Protection. Gas Separation & Purification 7, 1993, 235-240.

[91]   Hedden, K.; Huber, L.; Rau, B.R.: Adsorptive Reinigung von Schwefelwasserstoffhaltigen Abgasen. VDI-Bericht Nr. 253, VDI-Verlag, Düsseldorf, 1976

[92]   Mirsch, D.; Hageböke, R.: Katalytische Erdgasentschwefelung. Vortrag, Technischer Erfahrungsaustausch, Waldeck am Edersee, 2003

[93]   Wessel, H.; Hoelzle, M.; Wilden, N.; Artrip, D.: Improved Solutions for the Removal of Sulphur from Natural Gas, Proceedings of the 2003 Fuel Cell Seminar, Miami Beach, FL, USA, Nov. 2003, 656-659

[94]   Balko, J.; Bourdillon, G.: Membrane Separation for Producing ULS Gasoline. Petroleum Technology Quarterly (PTQ), Spring 2003 (www.eptq.com)

[95]   Zhao, X.; Krishnaiah, G.: Membrane Separation for Clean Fuels. Petroleum Technology Quarterly (PTQ), Summer 2004 (www.eptq.com)

[96]   White, L.S.; Lesemann, M.: Sulfur Reduction of Naphtha with Membrane Technology. Petroleum Chemistry Division Preprints 47, 2002, 45-47.

[97] Riewenherm, C.: Abtrennen von Schwefelwasserstoff und Kohlendioxid aus Gasgemischen mit Membrantrennverfahren. Dissertation Universität Hannover, VDI-Verlag, Düsseldorf, 1999

[98] Shiraishi, Y.; Tachibana, K.; Hirai, T.; Komasawa, I.: A Novel Desulfurization Process for Fuel Oils Based on the Formation and Subsequent Precipitation of S-Alkylsulfonium Salts. 2. Catalytic-Cracked Gasoline. Industrial and Engineering Chemistry Research 40, 2001, 1225-1233

[99] Beckmann, T.; Konrad, G.: Verfahren zur Abtrennung einer schwefelarmen Kraftstofffraktion. Deutsche Patentanmeldung der Firma Daimler AG, DE 10239361, 28.08.2002

[100] Kah, S.: Verdampfungsvorrichtung zum Aufbereiten von Brennstoff für einen Reformer und ein Brennstoffzellensystem. Deutsche Patentanmeldung der Firma Enerday GmbH, DE 102006046718, 02.10.2006

[101] Suchanek, A.: How to Make Low Sulfur, Low Aromatics, High Cetane Diesel Fuel – SynSat Technologies. Petroleum Chemistry Division Preprints 41 (Symposium on Removal of Aromatics, Sulfur and Olefins from Gasoline and Diesel, 212th National Meeting, Orlando, FL, August 25-29), 1996, 583-584

[102] Tawara, K.; Imai, J.; Iwanami, H.: Ultra-deep hydrodesulfurization of kerosene for fuel cell system (part 1) evaluations of conventional catalysts. Sekiyu Gakkaishi 43, 2000, 43-51

[103] Tawara, K.; Imai, J.; Iwanami, H.: Ultra- deep hydrodesulfurization of kerosene for fuel cell system (part 2) regeneration of sulfur- poisoned nickel catalyst in hydrogen and finding of auto- regenerative nickel catalyst. Sekiyu Gakkaishi 43, 2000, 114-120

[104] Tawara, K.; Imai, J.; Iwanami, H.: Ultra- deep hydrodesulfurization of kerosene for fuel cell system (part 3) development and evaluation of Ni/ZnO catalyst. Sekiyu Gakkaishi. 43, 2000, 114-120

[105] Tawara, K.; Imai, J.; Iwanami, H.; Nishimoto, T.; Hasuike, T.: New hydrodesulfurization catalyst for petroleum- fed fuel cell vehicles and cogenerations. Ind. Eng. Chem. Res. 40, 2001, 2367-2370

[106] N.N.: Sulfur Removal. Firmenbroschüre ConocoPhillips Fuels Technology, 2003

[107] Mengel, C.; Lucka, K.; Köhne, H.: Autothermal Reforming of Gasoline Using a Cool Flame Vaporizer. AIChE Journal 50 (5), 2004, 1042-1050

[108] Kussin, P.; Reimert, R.: Entwicklung eines Verfahrens zur dezentralen Entschwefelung von flüssigen Brennstoffen für Brennstoffzellen. GIF-Forschungsvorhaben, Zwischenbericht, März 2008

[109]   Brune, M.; Reimert, R.: Desulfurization of Liquid Fuel via Fractional Evaporation and Subsequent Hydrodesulfurization Upstream a Fuel Cell System. Ind. Eng. Chem. Res. 44, 2005, 9691-9694

[110]   Gates, B.C.; Katzer, J.R.; Schuit, G.C.A.: Chemistry of Catalytic Processes. McGraw-Hill, New York, 1979

[111]   Vrinat, M.L.: The Kinetic of the Hydrodesulfurization Process − A Review. Appl. Catal. 6, 1983, 137-158

[112]   Van Parijs, I.V.; Froment, G.F.: Kinetics of Hydrodesulfurization on a CoMo/γ-Al_2O_3 Catalyst. 1. Kinetics of the Hydrogenolysis of Thiophene. Ind. Eng. Chem. Prod. Res. Dev. 25,1986, 431-436

[113]   Girgis, M.J.; Gates, B.C.: Reactivities, Reaction Networks, and Kinetics in High-Pressure Catalytic Hydroprocessing. Ind. Eng. Chem. Res. 30, 1991, 2021-2058

[114]   Topsøe, H.; Clausen, B.S.: Importance of Co-Mo-S Type Structures in Hydrodesulfurization. Catal. Rev.-Sci. Eng. 26, 1984, 395-420

[115]   Eijsbouts, S: On the flexibility of the active phase in hydrotreating catalysis. Appl. Catal. A: Gen. 158, 1997, 53-92

[116]   Van Parijs, I.V.; Froment, G.F.; Delmon, B.: Kinetic Models for the Hydrogenolysis of Thiophene. A Comparison of Hougen-Watson Models with Fixed and Interconverting Sites foe Hydrogenolysis and Hydrogenation. Bull. Soc. Chim. Belg. 93, 1984, 823-829

[117]   Delmon, B.; Froment, G.F.: Remote Control of Catalytic Sites by Spillover Species: A Chemical Reaction Engineering Approach. Catal. Rev.-Sci. Eng. 38, 1996, 69-100

[118]   Li, Y.W.; Delmon, B.: Modelling of hydrotreating catalysis based on the remote control: HYD and HDS. J. Mol. Catal. A: Chem. 127, 1997, 163-190

[119]   Gates, B.C.; Topsøe, H.: Reactivities in deep catalytic hydrodesulfurization: Challenges, opportunities, and the importance of 4-methyldibenzothiophene and 4,6-dimethyldibenzothiophene. Polyhedron 16, 1997, 3213-3218

[120]   Weisser, O.; Landa, S.: Sulphide catalysts, their properties and applications. Oxford, : Pergamon Pr., 1973

[121]   Shafi, R.; Hutchings, G.J.: Hydrodesulfurization of hindered dibenzothiophenes: an overview. Catal. Today 59, 2000, 423- 442

[122]   Kabe, T.; Ishihara, A.; Qian, W.: Hydrodesulfurization and Hydrodenitrogenation. Wiley-VCH, Weinheim, 1999

[123] Satterfield, C.N.; Modell, M.; Mayer, J.F.: Interactions between Catalytic Hydrodesulfurization of Thiophene and Hydrodenitrogenation of Pyridine. AIChE Journal 21, 1975, 1100-1107

[124] Owens, P.J.; Amberg, C.H.: Thiophene Desulfurization by a Microreactor Technique. Adv. Chem. Ser. 33, 1961, 182-198

[125] Hargreaves, A. E.; Ross, J.R.H.: An Investigation of the Mechanism of the Hydrodesulfurization of Thiophen over Sulfided Co-Mo/Al$_2$O$_3$ Catalysts. Journal of Catalysis 56,1979, 363-376

[126] McCarty, K.F.; Schrader, G.L.: Deuterodesulfurization of Thiophene: an Investigation of the Reaction Mechanism. J. Catal. 103, 1987, 261-269

[127] Atkins, P. W.: Physikalische Chemie. VCH Weinheim, 2. korr. Nachdruck, 1990, der 1. Auflage 1987

[128] Satterfield, C.N.; Roberts, G.W.: Kinetics of Thiophene Hydrogenolysis on a Cobalt Molybdate Catalyst. AIChE Journal 14, 1968, 159-164

[129] Geneste, P.; Amblard, P.; Bonnet, M.; Graffin, P.: Hydrodesulfurization of Oxidized Sulfur Compounds in Benzothiophene, Methylbenzothiophene, and Dibenzothiophene Series over CoO-MoO$_3$-Al$_2$O$_3$ Catalyst. J. Catal. 61, 1980, 115-127

[130] Givens, E.N.; Venauto, P.B.: Hydrogenolysis of Benzothiophenes and Related Intermediates over Cobalt Molybdena Catalyst. Am. Chem. Soc. Div. Pet. Chem. 15, 1970, A183-A195

[131] Schulz, H.; Böhringer, W.; Ousmanov, F.; Waller, P.: Refractory Sulfur Compounds in Gas Oils. Fuel Processing Technology 61, 1999, 5-41

[132] Waller, P.: Reaktivität organischer Schwefelverbindungen beim Hydrotreating von Gasölen unterschiedlicher Herkunft. Dissertation Universität Karlsruhe (TH), 1997

[133] Houalla, M.; Nag, N.K.; Sapre, A.V.; Broderick, D.H.; Gates, B.C.: Hydrodesulfurization of Dibenzothiophene Catalyzed by Sulfided CoO-MoO$_3$/γ-Al$_2$O$_3$: The Reaction Network. AIChE J. 24, 1978, 1015-1021

[134] Vanrysselberghe, V.; Froment, G.F.: Hydrodesulfurization of dibenzothiophene in a CoMo/Al$_2$O$_3$ catalyst: Reaction network and kinetics. Ind. Eng. Chem. Res. 35, 1996, 3311-3318

[135] Meille, V.; Schulz, E.; Lemaire, M.; Vrinat, M.: Hydrodesulfurization of Alkyldibenzothiophenes over a NiMo/Al$_2$O$_3$ Catalyst: Kinetics and Mechanism. J. Catal. 170, 1997, 29-36

[136] Kilanowski, D.R.; Teeuwen, H.; de Beer, V.H.J.; Gates, B.C.; Schuit, G.C.A.; Kwart, H.: Hydrodesulfurization of Thiophene, Benzothiophene, Dibenzothiophene, and Related Compounds Catalyzed by Sulfided CoO-MoO$_3$/γ-Al$_2$O$_3$: Low-Pressure Reactivity Studies. J. Catal. 55, 1978, 129-137

[137] Satchell, D.P.; Crynes, B.L.: High olefins content may limit cracked naphtha desulfurization. Oil Gas J. 73, 1975, 123-124

[138] Mochida, I.; Choi, K.-H.: An Overview of Hydrodesulfurization and Hydrodenitrogenation. Journal of the Japan Petroleum Institute 47, 2004, 145-163

[139] Ho, T. C.: Deep HDS of diesel fuel: chemistry and catalysis. Catalysis Today 98, 2004, 3-18

[140] Chirico, R.D.; Knipmeyer, S.E.; Ngyuyen, A.; Steele, W.V.: The thermodynamic properties of benzothiophen. J. Chem Thermodyn. 23, 1991, 759-779

[141] Chirico, R.D.; Knipmeyer, S.E.; Ngyuyen, A.; Steele, W.V.: The thermodynamic properties of biphenyl. J. Chem Thermodyn. 21, 1989, 1307-1331

[142] Chirico, R.D.; Knipmeyer, S.E.; Ngyuyen, A.; Steele, W.V.: The thermodynamic properties of dibenzothiophen. J. Chem Thermodyn. 23, 1991, 431-450

[143] Barin, I.: Thermochemical Data of Pure Substances. VCH, Weinheim, 3. Auflage, 1995

[144] Prosen, E.J.; Rossini, F.D.: Heat of formation and combustion of 1,3-butadiene and styrene. J. Res. Natl. Bur. Standards 34, 1945, 59-63

[145] Montgomery, J.R.; Rossini, F.D.; Mansson, M.: Enthalpies of Combustion, Vaporization, and Formation of Phenylbenzene, Cyclohexylbenzene, and Cyclohexylcyclohexane, Enthalpy of Hydrogenation of Certain Aromatic Systems. J. Chem. Eng. Data 23, 1987, 125-129

[146] Prins, R.: Hydrotreating Reactions. In: Ertl, G.; Knözinger, H.; Weitkamp, J.: Handbook of Heterogenous Catalysis. Wiley-VCH, Weinheim; 1997; 1908-1928

[147] McCulloch, D.C.: Catalytic Hydrotreating in Petroleum Refining. In: Leach, B.E.: Applied Industrial Catalysis 1, 1983, 69-121

[148] Ma, X., Sakanishi, K.; Isoda, T., Mochida, I.: Comparison of Sulfided CoMo/Al$_2$O$_3$ and NiMo/Al$_2$O$_3$ Catalysis in Deep Hydrodesulfurization of Gas Oil Fractions. Prep. Div. Petr. Chem., Am. Chem Soc. 39, 1994, 622-626

[149]   Hayden, T.F.; Dumesic, J.A.: Studies of the Structure of Molybdenum Oxide and Sulfide Supported on Thin Films of Alimina. J. Catal. 103, 1987, 366-384

[150]   Froment, G.F.; Depauw, G.A.; Vanrysselberghe, V.: Kinetic Modeling and Reactor Simulation in Hydrodesulfurization of Oil Fractions. Ind. Eng. Chem. Res. 1994, 33, 2975-2988

[151]   Zhang, Q.; Ishihara, A.; Kabe, T.: Deep Desulfurization of Light Oil. Hydrodesulfurization of Methyl-substituted Dibenzothiophenes Catalyzed by Various Co-Mo/Al$_2$O$_3$ and Ni-Mo/Al$_2$O$_3$ Catalysts. J. Jpn. Petrol. Inst. 39, 1996, 410-417

[152]   Whitehurst, D.D.; Isoda, T. Mochida, I.: Present State of the Art and Future Challenges in the Hydrodesulfurization of Polyaromatic Sulfur Compounds. Adv. Cat. 42, 1998, 345-472

[153]   Grange, P.; Vanhaeren, X.: Hydrotreating Catalysts, an Old Story with New Challenges. Catalysis Today 36, 1997, 375-391

[154]   Stanislaus, A.; Cooper, B.H.: Aromatic Hydrogenation Catalysis: A Review. Catal. Rev.-Sci. Eng. 36. 1994, 75-123

[155]   Kabe, T.; Akamatsu, K.; Ishihara, A.; Otsuki, S.; Godo, M.; Zhang, Q.; Qian, W.: Deep Hydrodesulfurization of Light Gas Oil. 1. Kinetics and Mechanisms of Dibenzothiophene Hydrodesulfurization. Ind. Eng. Chem. Res. 36, 1997, 5146-5152

[156]   Isoda, T.; Nagao, S.; Ma, X.; Korai, Y; Mochida, I.: Catalytic activities of NiMo and CoMo/Al$_2$O$_3$ of variable Ni and Co contents for the hydrodesulfurization of 4,6-dimethyldibenzothiophene in the presence of naphthalene. Appl- Catal. A. Gen. 150, 1997, 1-11

[157]   Nagai, M.; Kabe, T.: Selectivity of Molybdenum Catalyst in Hydrodesulfurization, Hydrodenitrogenation, and Hydrodeoxygenation: Effect of Additives on Dibenzothiophene Hydrodesulfurization. J. Catal. 81, 1983, 440-449

[158]   Lee, C.-L.; Ollis, D.F.: Interaction between Hydrodeoxygenation of Benzofuran and Hydrodesulfurization of Dibenzothiophene. Journal of Catalysis 87, 1984, 332-338

[159]   Satterfield, C.N.; Yang, S.H.: Catalytic hydrogenation of quinoline in a trickle bed reactor. Ind. Eng. Chem. Process Des. Dev. 23, 1984, 11-19

[160]   Ramachandran, R.; Massoth, F.E.: The effects of pyridine and coke poisoning on benzothiophene hydrodesulfurization over cobalt-molybdenum/alumina catalyst. Chem. Eng. Commun. 18, 1982, 239-254

[161]   Lee, H.C.; Butt, J.B.: Kinetics of the desulfurization of thiophene: reactions of thiophene and butene. J. Catal. 49, 1977, 320 - 331

[162] Koltai, T.; Macaud, M.; Guevera, A.; Schulz, E.; Lemaire, M.; Bacaud, R.; Vrinat, M.: Comparative inhibiting effect of polycondensed aromatics and nitrogen compounds on the hydrodesulfurization of alkyldibenzothiophenes. Appl. Catal. A: Gen. 231, 2002, 253-261

[163] Choi, K.-H.; Korai, Y.; Mochida, I.; Ryu, J.-W.; Min, W.: Impact of removal extent of nitrogen species in gas oil on its HDS performance: an efficient approach to its ultra deep desulfurization. Applied catalysis B, 50, 2004, 9-16

[164] Nagai, M.; Sato, T.; Aiba, A.: Poisoning Effect of Nitrogen Compounds on Dibenzothiophene Hydrodesulfurization on Sulfided $NiMo/Al_2O_3$ Catalysts and Relation to Gas-Phase Basicity. J. Catal. 97, 1986, 52 - 58

[165] Dupain, X.; Rogier, L. J.; Gamas, E. D.; Makkee, M.; Moulijn, J. A.: Cracking behavior of organic sulfur compounds under realistic FCC conditions in a microriser reactor. Applied Catalysis A, 238, 2003, 223-238

[166] Topsøe, H.; Clausen, B.S., Massoth, F.E.: Hydrotreating Catalysis. In: Anderson, J.R.; Boudart, M.: Catalysis Science and Technology 11, Springer, Berlin, Heidelberg, 1996

[167] Muralidhar, G.; Massoth, F.E.; Shabtai, J.: Catalytic Functionalities of Supported Sulfides. I. Effect of Support and Additives on the CoMo Catalyst. J. Catal. 85, 1984, 44-52

[168] Bartholomew, C.H.: Mechanisms of catalyst deactivation. Applied Catalysis A: General 212, 2001, 17-60

[169] Forzatti, P.; Lietti, L.: Catalyst deactivation. Catalysis Today 52, 1999, 165-181

[170] Schmitz, C.: Zur Kinetik und zur verbesserten Reaktionsführung der hydrierenden Tiefentschwefelung von Dieselöl. Dissertation, Universität Bayreuth, 2003

[171] Appl, M.: Ammonia. In: Ullmann's Encyclopedia of Industrial Chemistry, Wiley-VCH, Weinheim, 6. Ausgabe, 2003

[172] Takemara, Y.; Itoh, H.; Ouchi, K.: Hydrogenolysis of Organic Substances by Carbon Monoxide-Water Mixture. Examination of Hydrogenolysis of Diphenylmethane on the Various Catalysts. Ind. Eng. Chem. Fundam. 20, 1981, 94-96

[173] Kochloeffl, K.: Water Gas Shift and COS Removal. In: Ertl, G.; Knözinger, H.; Weitkamp, J.: Handbook of Heterogenous Catalysis. Wiley-VCH Weinheim; 1997, 1831-1841.

[174] Satterfield, C.N.; Smith, C.M.: Effect of Water on the Catalytic Reaction Network of Quinoline Hydrodenitrogenation. Ind. Eng. Chem. Process Des. Dev. 15, 1986, 942-949

[175] Gültekin, S.; Khaleeq, M.; Al-Saleh, M.: Combined Effects of Hydrogen Sulfide, Water, and Ammonia on Liquid-Phase Hydrodenitrogenation of Quinoline. Ind. Eng. Chem. Res. 28, 1989, 729-738

[176] Fu, Y.C.; Ishikuro, K.; Fueta, T.; Akiyoshi, M.: Hydrogenation of Model Compounds in Syngas-D_2O Systems. Energy & Fuels 9, 1995, 406-412

[177] Moll, J.K.; Li, Z.; Ng, F.T.T.: Activity of Alternative Hydrogen Sources for the Hydrodesulfurization of Diesel and Bitumen in the Presence of Water Using Dispersed Mo-Based Catalyst. Petroleum Chemistry Division Preprints 45, 2000, 599-602

[178] Kumar, M.; Akgerman, A.; Anthony, R.G.: Desulfurization by In Situ Hydrogen Generation through Water Gas Shift Reaction. Ind. Eng. Chem. Process Des. Dev. 23, 1984, 88-93

[179] Hook, B.D.; Akgerman, A.: Desulfurization of Dibenzothiophene by In Situ Hydrogen Generation through a Water Gas Shift Reaction. Ind. Eng. Chem. Process Des. Dev. 25, 1986, 278-284

[180] Ng, F.T.T.; Rintjema, R.T.: Catalytic Desulphurization of Heavy Oil Emulsions. Progress in Catalysis 73, 1992, 51-58

[181] Ng, F.T.T.; Milad, I.K.: Catalytic desulphurization of Benzothiophene in an Emulsion via In Situ Generated H_2. Applied Catalysis A: General 200, 2000, 243-254

[182] Lee, R.Z.; Ng, F.T.T.: Effect of Water on HDS of DBT over a Dispersed Mo Catalyst Using In Situ Generated Hydrogen. Catalysis Today 116, 2006, 505-511

[183] Hou, P; Meeker, D.; Wise, H.: Kinetic Studies with a Sulfur-Tolerant Water Gas Shift Catalyst. Journal of Catalysis 80, 1983, 280-285

[184] Massoth, F. E.: Studies of Molybdena-Alumina Catalysts: II. Kinetics and Stoichiometry of Reduction. Journal of Catalysis 3, 1973 204-217

[185] Lee, K. W.; Choi, M. J.; Kim, S. B.: Kinetic Study on the Hydrodesulfurization Reaction of Thiophen by Water Gas Shift Reaction. Korean J. of Chem. Eng. 8, 1991, 143-147

[186] Pedernera, E.: Tiefentschwefelung von Dieselöl im Rieselfilmreaktor. Dissertation, Universität Karlsruhe (TH), 2003

[187] Jacob, S.M.; Gross, B.; Weekman, V.W.: A Lumping and Reaction Scheme for Catalytic Cracking. AIChE Journal 22 (4), 1976, 701-713

[188] Hu, M.; Ring, Z.; Briker, J.; Te, M.: An Integrated Approach to Meeting the Challenges of Ultra Low Sulfur Diesel - Analytical Support, Process Research and Computer Simulation. PTQ Frühjahr 2002, www.eptq.com

[189]   Tam, P.S.; Kittrell, J.R.; Eldridge, J.W.: Desulfurization of Fuel Oil by Oxidation and Extraction. 2. Kinetic Modeling of Oxidation Reaction. Ind. Eng. Chem. Res. 29, 1990, 324-329

[190]   Valla, J.A.; Lappas, A.A.; Vasalos, I.A.: Catalytic cracking of thiophene and benzothiophene: Mechanism and kinetics. Applied Catalysis A: General 297, 2006, 90-101

[191]   Stratiev, D.; Ivanov, A.; Jelyaskova, M.: Effect of Feedstock End Boiling Point on Product Sulphur during Ultra Deep Diesel Hydrodesulphurization. Oil Gas European Magazine 4, 2004, 188-192

[192]   Ho, T.C.: Hydroprocessing Kinetics for Oil Fractions. In: Delmon, D.; Froment, G.F.; Grange, P.: Hydrotreatment and Hydrocracking of Oil Fractions. Elsevier Science B.V., 1999, 179-186

[193]   Stephan, R.; Emig, G.; Hofmann, H.: On the Kinetics of Hydrodesulfurization of Gas Oil. Chem. Eng. Process. 19, 1985, 303-315

[194]   Sie, S.T.: Reaction Order and Role of Hydrogen Sulfide in Deep Hydrodesulfurization of Gas Oils: Consequences for Industrial Reactor Configuration. Fuel Processing Technology 61, 1999, 149-171

[195]   Ancheyta, J.; Angeles, M.J.; Macias, M.J.; Marroquin, G.; Morales, R.: Changes in Apparent Reaction Order and Activation Energy in the Hydrodesulfurization of Real Feedstocks. Energy & Fuels 16, 2002, 189-193

[196]   Bajohr, S.: Untersuchungen zur Propanpyrolyse unter den Bedingungen der Vakuum-/Gasaufkohlung von Stahl. Dissertation, Universität Karlsruhe (TH), 2002

[197]   N.N.: Sicherheitsdatenblatt des CoMo-Katalysators C49 Extrusions 3 mm. Süd-Chemie AG, Februar 2004

[198]   Cheskis, S.; Atar, I.; Amirav, A.: Pulsed-Flame Photometer: A Novel Gas Chromatography Detector. Anal. Chem. 65, 1993, 539- 555

[199]   Amirav, A.; Jing, H.; Robinson, J.J.; Kirshen, N.A.: Pulsed Flame Photometric Detector for Gas Chromatography. Varian Associates, Inc., 1998

[200]   Naumer, H.; Heller, W.: Untersuchungsmethoden in der Chemie. 2. Auflage, Thieme Verlag, Stuttgart; 1990

[201]   Skoog, D. A.; Leary, J. J.: Instrumentelle Analytik: Grundlagen, Geräte, Anwendungen; Springer, Heidelberg, 1996

[202]   Modl, N.: Informationen zu Sorbens FCDS-LQ1, Süd-Chemie, persönliche Mitteilung

[203] Baerns, M.; Hofmann, H.; Renken, A.: Chemische Reaktionstechnik – Lehrbuch der Technischen Chemie. Georg Thieme Verlag, Stuttgart; Band 1; 2002

[204] VDI-Wärmeatlas. 7. erweiterte Auflage, VDI-Verlag, Düsseldorf, 1994

[205] Lagarias, J.C.; Reeds, J.A.; Wright, M.H.; Wright, P.E.: Convergence Properties of the Nelder-Mead Simplex Method in Low Dimensions, SIAM Journal of Optimization 9 (1), 1998, 112-147

[206] Shampine, L.F.; Reichelt, M.W.: The MATLAB ODE Suite, SIAM Journal on Scientific Computing, 18, 1997, 1-22

[207] Hubbard, W.N.; Scott, D.W.; Frow, F.R.; Waddigton, G.: Thiophene: Heat of Combustion and Chemical Thermodynamic Properties. J. Am. Chem. Soc. 77, 1955, 5855-5857

Symbolverzeichnis

Lateinische Symbole

Symbol	Bezeichnung		Definition	Einheit
a	Beschleunigung		$a = \dfrac{dw}{dt}$	m/s²
A	Fläche		$A = L^2$	m²
	Index	Bedeutung		
	R	Reaktorgrundfläche		
c_i	Konzentration der Komponente i		$c_i = \dfrac{n_i}{V}$	mol/m³
c_p	spezifische Wärmekapazität		$c_p = \left.\dfrac{\partial h}{\partial T}\right|_p$	J/(kg K)
d, D	Durchmesser		Basisgröße	m
	Index	Bedeutung		
	i	Innendurchmesser		
	P	Partikel		
	S	mittlerer Windungsdurchmesser		
	W	mittlerer Windungsdurchmesser der Rohrwendel		
D_{ax}	Axialer Dispersionskoeffizient		$D_{ax} = \dfrac{-\vec{\varphi}_{N,z}}{\dfrac{\partial c}{\partial t}}$	m²/s
D_i	Dispersionskoeffizient		$D_i = \dfrac{-\vec{\varphi}_{N,z}}{\nabla c}$	m²/s
E	Energie		verschiedene Definitionen	J
	Index	Bedeutung		
	i	innere Energie		
F	Kraft		$F = m \cdot a$	N

f	Frequenz	$f = N/t$	1/s
G	freie Enthalpie	$G = H + T\,S$	J
H	Enthalpie	$H = U + p\,V$	J
H_l	Heizwert	-	J/kg
h	Höhe	Basisgröße	m
k_i	Reaktionsgeschwindigkeitskoeffizient **Index** / **Bedeutung** >DBT — Schwefelverbindungsgruppe SV > DBT ≤BT — Schwefelverbindungsgruppe SV ≤ BT ≤DBT — Schwefelverbindungsgruppe SV ≤ DBT KW — teilhydrierte Schwefelverbindungen S,i — Schwefelverbindungsgruppe i T — Thiophen WGSR,i — Modellreformatgaskomponente i	siehe kin. Ansatz in Kapitel 4.6	mol/ (kg s)
K_i	Adsorptionskoeffizient **Index** / **Bedeutung** >DBT — Schwefelverbindungsgruppe SV > DBT ≤BT — Schwefelverbindungsgruppe SV ≤ BT ≤DBT — Schwefelverbindungsgruppe SV ≤ DBT CO — Kohlenstoffmonoxid CO2 — Kohlenstoffdioxidpartialdruck DBT — Dibenzothiophen H2 — Wasserstoff H2S — Schwefelwasserstoff KW — teilhydrierte	$K_i = \dfrac{\Theta_i}{1-\Theta_i} \cdot \dfrac{1}{p_i}$	1/Pa

		Schwefelverbindungen		
	O	Sauerstoff		
	S,i	Schwefelverbindungsgruppe i		
	S,j	Schwefelverbindungsgruppe j		
	T	Thiophen		
	WGSR,i	Modellreformatgaskomponente i		
K_p	Gleichgewichtskonstante		$K_p = \dfrac{\prod\limits_i (c_{Produkt,j})^{v_i}}{\prod\limits_j (c_{Edukt,j})^{v_j}}$	Pa
L	Länge		Basisgröße	m
m	Masse		Basisgröße	Kg
	Index	Bedeutung		
	Ads	Adsorbierte Masse		
	Kat	Katalysatormasse		
	T	Brennstoffmasse im Tank		
$\tilde{M}_i$	Molmasse der Spezies i		$\tilde{M}_i = \dfrac{m}{n}$	kg/mol
M_Q	umgewandelte Menge		-	-
M_S	gespeicherte Menge		-	-
M_Φ	transportierte Menge		-	-
n	Stoffmenge		Basisgröße	mol
N	Anzahl		-	-
	Index	Bedeutung		
	C	Kohlenstoff		
N	Zahl der Adsorptionsplätze		-	-
p	Leistungsverhältnis		$p = \dfrac{{}^m\phi_{FC}}{{}^m\phi_E}$	-
p	Druck		$p = \dfrac{F}{A}$	Pa
	Index	Bedeutung		
	>DBT	Partialdruck der Schwefel-		

		verbindungsgruppe SV > DBT	
	CO	Kohlenstoffmonoxidpartialdruck	
	CO2	Kohlenstoffdioxidpartialdruck	
	ges	Gesamtdruck	
	H2	Wasserstoffpartialdruck	
	H2O	Wasserpartialdruck	
	H2S	Schwefelwasserstoffpartialdruck	
	KW	Partialdruck der teilhydrierten Schwefelverbindungen	
	O	Sauerstoffpartialdruck	
	Öl	Ölpartialdruck	
	R	Im Reaktor	
	S,i	Partialdruck der Schwefelverbindungsgruppe i	
	T	Thiophenpartialdruck	
P	Leistung	$P = \dfrac{E}{t}$	W
	Index — **Bedeutung**		
	el — elektrische Leistung		
Q	Wärme	$Q = U - W$	J
Q	Wandlungsstrom	$Q = \dfrac{dM_Q}{dt}$	-
q	Wandlungsstromdichte	$q = \dfrac{\partial Q}{\partial V}$	-
r_i	Reaktionsgeschwindigkeit der Komponente i	$r_i = \dfrac{dn_i}{dt}$	mol/ s
	Index — **Bedeutung**		
	HDS — Entschwefelungsreaktion		
$r_{mod,i}$	modifizierte Reaktionsgeschwindigkeit der Komponente i	$r_{mod,i} = \dfrac{dn_i}{dt} \cdot \dfrac{1}{m_{Kat}}$	mol/ (kg s)
S	Entropie	Q/T	J/K
s	Speicherkonzentration	$s = \dfrac{\partial M_s}{\partial V}$	-

t	Zeit	Basisgröße	s
T	Temperatur	Basisgröße	K (oder °C)

Index	Bedeutung
A	Austrittstemperatur
E	Eintrittstemperatur
R	Reaktortemperatur
S	Siedetemperatur
W	Wandtemperatur

U	innere Energie	$U = \sum E_i$	J
U	Umsatz	$U = \dfrac{y_{ein} - y_{,aus}}{y_{ein}}$	-
u_0	Leerrohrgeschwindigkeit	$u_0 = \dfrac{{}^V\Phi}{A}$	m/s
V	Volumen	$V = L^3$	m^3

Index	Bedeutung
R,Gas	Gasvolumen im Reaktor
inj	injiziertes Volumen
Kat	Katalysatorvolumen

w	Geschwindigkeit	$w = \dfrac{dL}{dt}$	m/s
X_i	Beladung	$X_i = \dfrac{m_i}{m_{Sorbens}}$	-

Index	Bedeutung
Benzol	Benzolbeladung
S	Schwefelbeladung

x_i	Massenanteil	$x_i = \dfrac{m_i}{m_{ges}}$	-

Index	Bedeutung
>DBT	Schwefelverbindungsgruppe SV > DBT
≤BT	Schwefelverbindungsgruppe SV ≤ BT

	$\leq$DBT	Schwefelverbindungsgruppe SV $\leq$ DBT	
	Al2O3	Aluminiumoxid	
	CoO	Kobaltoxid	
	MoO	Molybdänoxid	
	S	Schwefel	
	S,ges	Gesamtschwefel	
	S,Öl	Schwefelmengenanteil im Öl	
	S,R	Schwefelanteil im Verdampfungsrückstand	
	S,T	Schwefelanteil im Tank	
X_V	Verdampfungsverhältnis	$X_V = \dfrac{V_{Verdampft}}{V_{Gesamt}}$	-
y_i	Stoffmengenanteil in der Gasphase	$y_i = \dfrac{n_i}{n_{ges}}$	-

Index	Bedeutung
aus	am Austritt
CO2	Kohlenstoffdioxidanteil
ein	am Eintritt
H2O	Wasseranteil
S	Schwefelanteil

Griechische Symbole

Symbol	Bezeichnung	Definition	Einheit
$^m\Phi$	Massenstrom	$^m\Phi = \dfrac{\Delta m}{\Delta t}$	kg/s

Index	Bedeutung
E	zur Verbrennung
EV	zum Verdampfer
FC	zur Brennstoffzelle
R	zum Tank (Rückstand)

Symbol	Bedeutung	Formel	Einheit
$^n\Phi$	Stoffmengenstrom	$^n\Phi = \dfrac{\Delta n}{\Delta t}$	mol/s
$^V\Phi$	Volumenstrom Index — Bedeutung Gas — Gasvolumenstrom	$^V\Phi = \dfrac{\Delta V}{\Delta t}$	m^3/s
$^Q\Phi_{max}$	maximaler Wärmestrom	$^Q\Phi_{max} = \dfrac{\Delta Q}{\Delta t}$	J/s
$\vec{\varphi}$	Transportstromdichte	$\vec{\varphi} = \dfrac{\partial \Phi}{\partial A}\,\vec{e}_\varphi$	-
Θ	Bedeckungsgrad	$\Theta = \dfrac{N_{belegt}}{N_{Gesamt}}$	-
Φ	Transportstrom	$\Phi = \dfrac{dM_\Phi}{dt}$	-
ϑ_i	Oberflächenbelegung	$\vartheta = n_i / n_{i,max}$	-
δ	Diffusionskoeffizient im Leerraum	$\delta = -\dfrac{^n\Phi_i}{A\,\nabla c_i}$	m²/s
δ_{ij}	Binärer Diffusionskoeffizient	–	m²/s
δ_{KS}	Diffusionskoeffizient in der Schüttung	–	m²/s
ε	Porosität	$\varepsilon = V_{leer}/V_{ges}$	-
μ_{el}	elektrischer Wirkungsgrad	$\mu_{el} = -\dfrac{P_{el}}{^m\Phi\,H_i}$	-
ν	stöchiometrischer Faktor	-	-
ρ	Dichte	$\rho = \dfrac{m}{V}$	kg/m³
τ	Verweilzeit	$\tau = \dfrac{V_{Kat.Schüttung}}{^V\Phi_{ges}(T_R,p_R)}$	s
τ_{mod}	modifizierte Verweilzeit	$\tau_{mod} = \dfrac{m_{Kat}}{^V\Phi_{ges}(T_R,p_R)}$	kg s/m³

ξ	Druckverlustbeiwert	$\xi = \dfrac{2\,\Delta p}{\rho\,v^2}$	-

Konstanten

Symbol	Bezeichnung	Definition/ Wert	Einheit
K_{ax}	Konstante	-	-
R	universelle Gaskonstante	8.314	J/(mol kg)

Dimensionslose Kennzahlen

Symbol	Bezeichnung	Definition/ Wert	Einheit
Bo	Bodensteinzahl	$Bo = \dfrac{u_0\,L}{D_{ax}}$	-
Nu	Nusseltzahl	$Nu = \dfrac{\alpha\,d}{\lambda}$	-
Pe_0	molekulare Pécletzahl	$Pe_o = \dfrac{u_0\,L}{\delta}$	-
Pr	Prandtlzahl	$Pr = \dfrac{\eta\,c_p}{\lambda}$	-
Re	Reynoldszahl	$Re = \dfrac{w\,d}{\nu}$	-

Anhang

A   Ergänzungen zur Versuchsapparatur und zur Analytik

A.1   Auslegung des Rohrwendelverdampfers

Die Laboranlage und der Rohrwendelverdampfer wurden auf Basis einer Brennstoff-zellenheizanlage mit einer elektrischen Leistung von P_{el} = 5 kW ausgelegt. Unter Annahme eines elektrischen Wirkungsgrads von μ_{el} = 0,4 beträgt der Heizölmassen-strom $^m\Phi$ = 1,06 kg. Die folgenden Berechnungen basieren auf Angaben aus dem VDI-Wärmeatlas [204].

In einem Rohrwendelverdampfer wird die Entstehung einer Sekundärströmung aus-genutzt, die sich auf Grund der durch die Krümmung des Rohres entstehenden Zentrifugalkräfte ausbildet. Die Sekundärströmung verbessert den Wärmeübergang zwischen Rohrwand und Fluid.

Vor der Rohrwendel befindet sich eine elektrisch beheizte Vorheizstrecke, die das Heizöl und den Wasserstoff auf eine Temperatur von $T \approx 150\ °C$ erhitzt.

Für die Berechnung der benötigten Länge der Verdampferrohrwendel und der Vorheizstrecke benötigt man den maximal dem System zuzuführenden Wärmestrom $^Q\Phi_{max}$. Dieser berechnet sich aus dem Massenstrom $^m\Phi$, der spezifischen Wärme-kapazität $c_p\ (T)$ und der Verdampfungsenthalpie $\Delta H_V\ (T_S)$ sowie dem Verdampfungs-verhältnis X_V:

$$^Q\Phi_{max} = {}^m\Phi\left[\int_{T_{Ein}}^{T_{Siede}} c_p(T)\,dt + \Delta H_V(T_S)\cdot X_V\right].$$
(A.1)

Der maximale Wärmestrom $^Q\Phi_{max}$ entspricht gleichzeitig der benötigten Heizleistung, um eine Verdampfung unter den eingestellten Betriebsbedingungen zu erreichen.

Die für die Auslegung der Anlage benötigten spezifischen Stoffwerte von Heizöl und Kerosin in der Flüssig- und in der Dampfphase wurden mit Hilfe der von Rachner [36] empfohlenen Näherungsgleichungen bestimmt:

$$c_{p,l}\ (T) = a + bT + cT^2 + \frac{d}{e-T},$$
(A.2)

$$\Delta H_V^\circ = 33339{,}03\,(684{,}26 - T)^{0,38} \tag{A.3}$$

mit:

T : Temperatur — in K,

a : Koeffizient für $c_{p,l}$ — 1,7664045 E+02,

b : Koeffizient für $c_{p,l}$ — 7,4680836 K^{-1},

c : Koeffizient für $c_{p,l}$ — -4,2123987 E-03 K^{-2},

d : Koeffizient für $c_{p,l}$ — 1,4948931 E+04 K,

e : Koeffizient für $c_{p,l}$ — 684,26 K.

Zur Berechnung der benötigten Länge der Vorheizstrecke und der Rohrwendel wurden die Formeln zur Berechnung des Wärmeübergangs von Gnielinski [204] verwendet.

Danach berechnet sich die Nusseltzahl für den Wärmeübergang in einem turbulent durchströmten Rohr ($Re > 10^4$) aus:

$$Nu = \frac{\xi/8\,Re\,Pr}{1 + 12{,}7\sqrt{\xi/8}\left(Pr^{2/3} - 1\right)}\left\{1 + \left(\frac{d_i}{L}\right)^{2/3}\right\}, \tag{A.4}$$

wobei der Druckverlustbeiwert ξ nach:

$$\xi = \left(1{,}82\,\log Re - 1{,}62\right)^{-2} \tag{A.5}$$

abgeschätzt wird.

Aus der Nusseltzahl lässt sich der Wärmeübergangskoeffizient α bestimmen. Die benötigte Länge der Vorheizstrecke berechnet sich aus:

- dem Wärmeübergangskoeffizienten α,
- der benötigten Heizleistung $^Q\Phi_{max}$,
- dem Rohraußendurchmesser,
- der mittleren logarithmischen Temperaturdifferenz ΔT_{log}:

$$\Delta T_{log} = \frac{\left(T_W - T_E\right) - \left(T_W - T_A\right)}{\ln\dfrac{\left(T_W - T_E\right)}{\left(T_W - T_A\right)}} \tag{A.6}$$

mit der Eintrittstemperatur T_E und der Austrittstemperatur T_A des Öls sowie der konstanten Wandtemperatur des Rohres T_W.

Die durch die Durchströmung einer Rohrwendel auftretenden Zentrifugalkräfte rufen eine Sekundärströmung in Form eines Doppelwirbels hervor. Die Intensität der

Sekundärströmung hängt vom Krümmungsverhältnis d_i/D der Rohrwendel ab. Mit d_i wird der innere Durchmesser des zu einer Rohrwendel gebogenen Rohrs, mit D der mittlere Krümmungsdurchmesser der Wendel bezeichnet. In der Rohrwendel verschiebt sich der Umschlag von laminarem zu turbulentem Strömungsverhalten mit zunehmendem Krümmungsverhältnis d_i/D zu höheren Reynoldszahlen. Somit muss eine neue kritische Reynoldszahl definiert werden. Für die kritische Reynoldzahl gilt nach Schmidt [204]:

$$Re_{krit} = 2300\left[1 + 8{,}6\left(\frac{d_i}{D}\right)^{0{,}45}\right]. \tag{A.7}$$

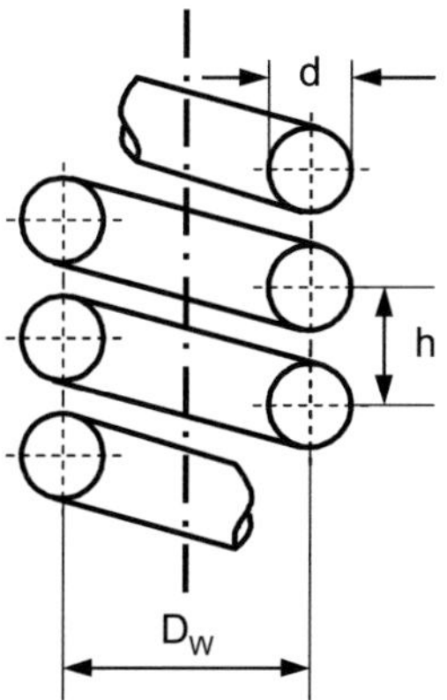

Abb. A.34: Schnitt durch eine Rohrwendel [nach 204]

Der mittlere Krümmungsdurchmesser berechnet sich aus den folgenden Gleichungen:

$$D_s = \frac{L}{N\pi}, \tag{A.8}$$

$$D_w = \sqrt{D_s^2 - \left(\frac{h}{\pi}\right)^2}, \tag{A.9}$$

$$D = D_W\left[1 + \left(\frac{h}{\pi D_W}\right)^2\right]. \tag{A.10}$$

Dabei ist D_s der mittlere Windungsdurchmesser, D_w der mittlere Durchmesser der Rohrwendel und N die Anzahl der Windungen. Große Unterschiede zwischen D und D_w ergeben sich nur für stark gekrümmte Rohre mit einer großen Steigung h der Wendel.

Die Nusseltzahl berechnet Schmidt [204] im Bereich Re < Re_{krit} zu:

$$Nu = \left(3{,}66 + 0{,}08 \left[1 + 0{,}8 \left(\frac{d_i}{D} \right)^{0{,}9} \right] Re^m Pr^{1/3} \right) \qquad \text{(A.11)}$$

mit

$$m = 0{,}5 + 0{,}2903 \left(\frac{d_i}{D} \right)^{0{,}194} \qquad \text{(A.12)}$$

und im Übergangsbereich bei $Re_{krit} < Re < 2{,}2\ 10^4$ zu:

$$Nu = k \cdot Nu(Re_{krit}) + (1 - k) \cdot Nu_t (Re = 2{,}2 \cdot 10^4) \qquad \text{(A.13)}$$

mit

$$k = \frac{2{,}2 \cdot 10^4 - Re}{2{,}2 \cdot 10^4 - Re_{krit}} \qquad \text{(A.14)}$$

und im Bereich Re > $2{,}2\ 10^4$ nach den Gleichungen A.2 und A.3.

Für einen Verdampfungsanteil von $X_V = 0{,}5$, einer Grädigkeit von $\Delta T = 5$ K und einer Wandtemperatur von $T_{Wand} = 300\ °C$ ergibt sich eine Rohrlänge von $L_{Rohr} = 1{,}9$ m.

A.2 Beschreibung des Wasserdampfsättigers

Der Wasserdampfsättiger ist als Doppeltmantelgefäß ausgeführt (Abb. A.35). Durch den Mantel wird ein thermostatisiertes Öl von unten nach oben gepumpt, um die Temperatur und den dazu korrelierenden Dampfdruck einzustellen. Zur Kontrolle der Temperatur befindet sich im Wasser und im Gasraum oberhalb der Phasengrenze je ein Thermoelement. Der Innenraum des Sättigers ist mit Glaskugeln (1,7 mm < d_p < 2 mm) gefüllt. Die Kugelschüttung dient zur gleichmäßigen Verteilung des Gasstroms, der den Sättiger von unten nach oben durchströmt.

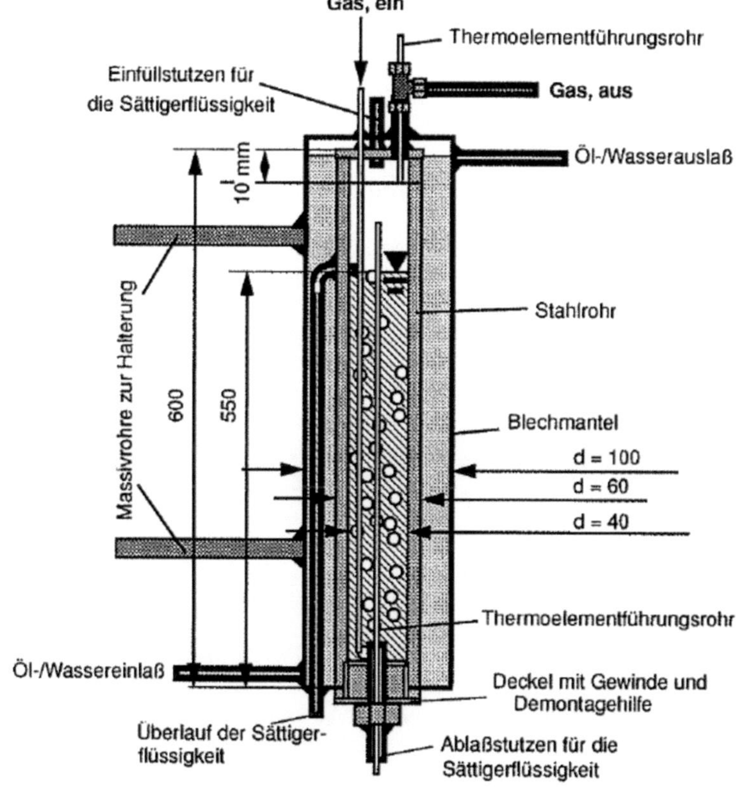

Abb. A.35:   Schnitt durch den Wasserdampfsättiger [196]

A.3 Angaben zu dem verwendeten industriellen Katalysator

Tab. A.6: Herstellerangaben zu dem verwendeten CoMo-Katalysator [197]

Hersteller	Süd-Chemie AG
Bezeichnung	C49 Extrusions 3 mm
Inhaltsstoffe	Massenanteil
Kobaltoxid	$0,01 \leq x_{CoO} \leq 0,05$
Aluminiumoxid	$0,8 \leq x_{Al2O3} \leq 0,9$
Molybdänoxid	$0,1 \leq x_{MoO} \leq 0,2$
Form	Extrudat
Farbe	blau
Schmelztemperatur	$T > 800\ °C$
Schüttdichte	$600 \leq \rho_{schütt} \leq 800\ kg/m^3$

A.4 Ergänzende Erläuterungen zur Analytik

Die Analyse der individuellen Schwefelverbindungen und des Gesamtschwefels in der zu analysierenden Probe wurde mit einer Kapillargaschromatographie durchgeführt. Der verwendete Gaschromatograph besteht im Wesentlichen aus drei Teilen: dem Injektor, der Trennkapillare und den Detektoren (vgl. Abb. A.).

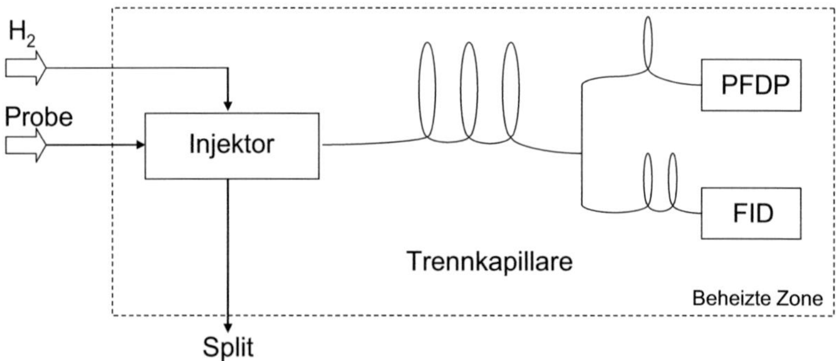

Abb. A. 36: Schaltungsschema des angewandten Gaschromatographen [nach 132]

Die flüssigen Proben ($0,1 < V_{Inj} < 1\ µL$) werden mit einer µL-Injektionsspritze in eine temperierte Kammer eingespritzt. Durch die Kammer strömt das „Trägergas" (Wasserstoff), und ein Teil der verdampften Probe strömt in die Trennsäule des Gaschromatographen. Das Splitverhältnis wurde (je nach Schwefelgehalt der Proben) auf Werte von 1:200 bis zu 1:20 eingestellt. Auf dem Weg durch die Trennsäule erfolgt die Auftrennung der Gasphase aufgrund unterschiedlich starker Adsorption einzelner Gaskomponenten an der stationären Phase (Trennsäule). Die einzelnen Verbindungen verlassen die Trennsäule nach einer bestimmten Zeit, der sog. Retentionszeit. Die Schwefelverbindungen werden mit Hilfe des schwefelspezifischen photometrischen Detektors mit pulsierender Flamme (PFPD) detektiert, und gleichzeitig werden die Kohlenwasserstoffe mit Hilfe eines Flammenionisationsdetektors (FID) erfasst. Die Chromatographiebedingungen werden der zu analysierenden Probe bzw. dem verwendeten Brennstoff angepasst. Für die Analyse der Proben der entschwefelten Brennstofffraktionen wurde die in Tab. A. 1 dargestellte gaschromatographische Methode verwendet.

Tab. A. 1: Chromatographiebedingungen für die Analyse der Kohlenwasserstoffe und der Schwefelverbindungen in Ölfraktionen

Gaschromatograph	STAR 3400 cx (Fa. Varian)
Probenaufgabe	
Injektortemperatur	280 °C
Split	1:20 bis 1:200 (abhängig von der Schwefelmenge)
Trennsäule	105 m x 0,25 µm Fused Silica Kapillarsäule (Fa. Restek)
Stationäre Phase	vernetztes Methylsilicon
Filmdicke	0,5 µm
Trägergas	Wasserstoff
Säulenvordruck	5,2 bar
Volumenstrom (NTP)	4,8 ml/min
Temperaturprogramm	
Starttemperatur	60 °C
Heizrate	4 °C/min
Haltetemperatur	290 °C
Haltezeit	15 min
S-spezifischer Detektor	photometrischer Detektor mit pulsierender Flamme
Detektortemperatur	290 °C
$\dot{V}_{\Phi_{H2}}$	12,5 ml/min
$\dot{V}_{\Phi_{Luft1}}$	14,7 ml/min
$\dot{V}_{\Phi_{Luft2}}$	11,1 ml/min
C-spezifischer Detektor	Flammenionisationsdetektor
	250 °C
Analysendauer	72,5 min

Photometrischer Detektor mit pulsierender Flamme (PFPD)

Der PFP-Detektor wurde von Cheskis et al. entwickelt [198]. Er zeichnet sich durch eine hohe Empfindlichkeit und eine hohe Selektivität bezüglich der Nachweisbarkeit von Schwefel-, Stickstoff- und Phosphorverbindungen aus. Dabei können Stoffanteile im ppb-Bereich nachgewiesen werden. Der Nachweis geschieht über element-spezifische Lichtemissionen von Verbrennungsprodukten des untersuchten Gases. Dazu wird das Gas aus der Trennsäule in einer pulsierenden, wasserstoffreichen Flamme verbrannt.

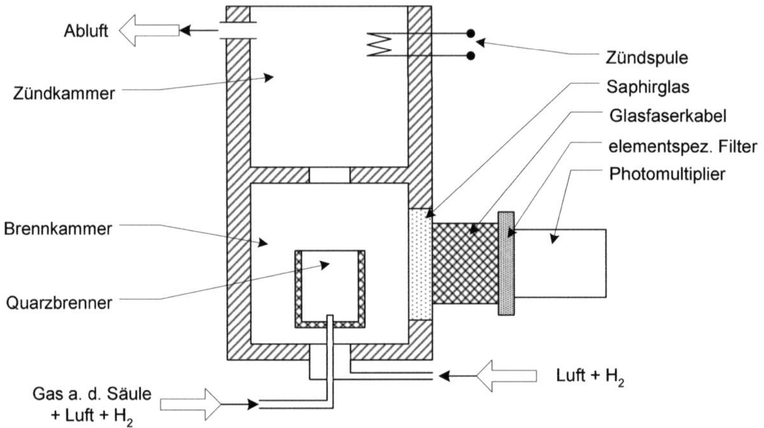

Abb. A. 37: Schematisches Schnittbild eines PFP-Detektors [nach 199]

Der PFP-Detektor (Abb. A.) besteht aus zwei übereinander angeordneten Kammern, die durch einen Kanal miteinander verbunden sind. In der oberen Zündkammer befindet sich eine permanent glühende Cr/Ni-Heizwendel. In der unteren Brenn-kammer befindet sich ein Quarzbrenner. Das Gas aus der Trennsäule und ein Teil eines zündfähigen wasserstoffreichen H$_2$/Luft-Gemischs werden in den Quarzbrenner geleitet. Der andere Teil des Gemischs strömt um den Brenner in die Zündkammer. Wenn das Gemisch die Glühwendel erreicht, entzündet es sich, und die Flamme wandert in die Brennkammer. Da die Gaszufuhr für eine kontinuierliche Verbrennung nicht ausreichend ist, erlischt die Flamme am Boden der Kammer. Durch die kontinuierliche Gaszufuhr zur Brennkammer werden die Verbrennungsprodukte verdrängt, der Detektor füllt sich von neuem, und es kommt nach einer Zeit von $0{,}1 < t < 1$ s zur erneuten Zündung. Eine Betriebsfrequenz von $2 < f < 4$ s^{-1} ist üblich.

Bei der Verbrennungsreaktion bilden sich Schwefelatome, die zu angeregten S$_2$-Molekülen rekombinieren. Diese Moleküle emittieren Licht, wenn sie zu elementarem Schwefel weiterreagieren. Die Konzentration an angeregten S$_2$-Molekülen steigt nach Verlöschen der Flamme an. Das Emissionsmaximum der angeregten S_2-Moleküle der pulsierenden Flamme kann auf diese Weise von den Emissionen anderer Radikale (z. B. OH- und CH-Radikale) zeitlich getrennt werden. Die Selektivität für Schwefel gegenüber Kohlenstoff beträgt bis zu 10^6 zu 1 mit einer massenbezogenen Nachweisgrenze für Schwefel von bis zu 10^{-12} g*s^{-1}.

Das emittierte Licht wird mit einem Photomultiplier in ein elektronisches Signal umgewandelt. Die Abhängigkeit des Detektorsignals von dem Schwefelmassenstrom ist quadratisch und unabhängig von der Struktur der Schwefelverbindung. Mit Hilfe eines Computerprogramms (Fa. Varian) wird das Signal linearisiert, so dass die Peakflächen proportional zum Schwefelmassenstrom sind. Alle in dieser Arbeit abgebildeten schwefelspezifischen Chromatogramme sind linearisiert.

Zur quantitativen Auswertung des Gesamtschwefels und einzelner Schwefelverbindungen in der Probe wurde ein interner Standard, Benzothiophen für Kerosinproben und Dibenzylsulfid für Heizölproben, verwendet.

Flammenionisationsdetektor (FID)

Der FI-Detektor besteht aus einem Brenner mit Gehäuse, wobei die Düse des Brenners auf einem Quarzrohr sitzt und somit von der restlichen Masse elektrisch isoliert ist (siehe Abb. A.38). Oberhalb der Düse befindet sich eine Sammelelektrode. Zwischen der Düse und der Sammelelektrode wird eine elektrische Spannung angelegt. Dabei ist die Düse negativ und die Sammelelektrode positiv geladen.

Das Trägergas aus der Säule wird im Brenner mit Wasserstoff gemischt. Die zur Verbrennung benötigte Luft wird am Fuß des Brenners zugegeben. An einer glühenden Heizwendel wird das Gemisch gezündet.

Das elektrische Signal des FI-Detektors beruht auf der Ionenbildung bei der Verbrennung von organischen Substanzen, die C-H- und C-C-Bindungen enthalten. Verbrennt eine organische Substanz in der Flamme, entstehen über eine Radikalreaktion Ionen und Elektronen [200]:

$$CH + O \longrightarrow CHO^+ + e^-. \qquad \text{(Rgl. A.1)}$$

Die Ionen werden an der negativ geladenen Düse neutralisiert. Die Elektronen werden von der Sammelelektrode eingefangen und erzeugen einen elektrischen Strom. Da eine reine Wasserstoffflamme nur gering ionisiert ist, entspricht der bei reiner Wasserstoffverbrennung entstehende Strom dem Nullsignal. Das Signal wird in einen Operationsverstärker geleitet und weiterverarbeitet. Da der FID auf die Anzahl der Kohlenstoffatome anspricht, die in einer bestimmten Zeiteinheit in den Detektor gelangen, ist das elektrische Signal proportional zum Massenstrom.

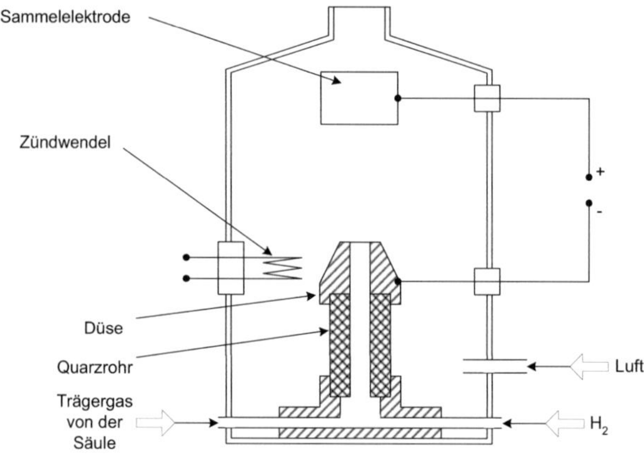

Abb. A.38: Schematisches Schnittbild eines FI-Detektors [nach 200]

Der Wärmeleitfähigkeitsdetektor (WLD)

Der WL-Detektor ist Bestandteil des verwendeten Micro-Gaschromatographen. Die Funktionsweise des Detektors beruht auf der Temperaturabhängigkeit der elektrischen Leitfähigkeit einer beheizten Platinwendel, die von einem Trägergas (hier Helium) und dem zu analysierenden Gas aus der Trennsäule umströmt wird. Je nach Zusammensetzung der umgebenden Gasphase ändert sich deren abgeführter Wärmestrom und damit die Temperatur der Wendel und deren Widerstand.

Der WL-Detektor besteht aus vier Zellen, die sich in einem thermostatisierten Metallblock befinden. In den Zellen befindet sich jeweils eine Platinwendel. Die vier Wendeln sind in einer Wheatstone-Brückenschaltung zusammengeschlossen (siehe Abb. A.39). Ein konstanter elektrischer Strom erhitzt die Platinwendeln. Zwei Zellen werden mit dem reinen Trägergas (Vergleichszellen, VZ), die weiteren zwei Zellen vom Trägergas mit dem Analyten aus der Säule (Messzellen, MZ) durchströmt. Die Temperatur der Wendel hängt von der Wärmeleitfähigkeit des durchströmenden Gases ab. Strömt durch die Zellen reines Trägergas, stellt sich bei allen Drähten die gleiche Temperatur ein, und die Brückenspannung ist null. Bei unterschiedlicher Zusammensetzung und somit unterschiedlichem Wärmeleitvermögen des Mess- und des Vergleichsgases stellen sich in den Heizwendeln unterschiedliche Temperaturen bzw. elektrische Widerstände ein. Hieraus ergibt sich ein elektrisches Signal, das dem Gehalt des zu analysierenden Gases zugeordnet werden kann [201].

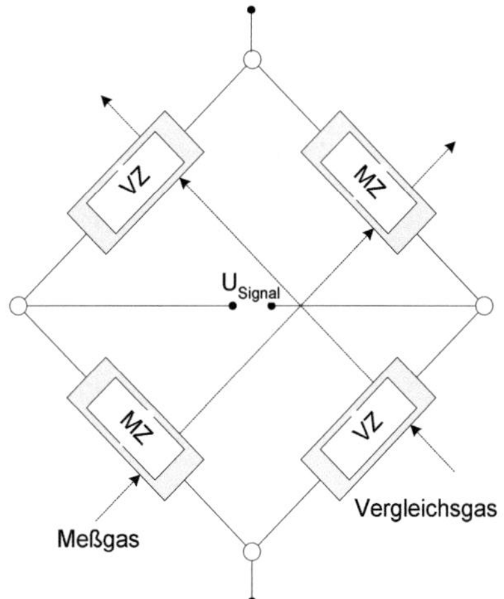

Abb. A.39: Mess- und Vergleichszellen (MZ, VZ) eines WL-Detektors

Der Micro-Gaschromatograph zur Bestimmung der Begleitgase enthält vier Kanäle mit vier WL-Detektoren. Die verwendeten Chromatographiebedingungen der einzelnen Kanäle (Trennsäule und WL-Detektor) unterscheiden sich (siehe Tab. A.2) und wurden während den Versuchen konstant gehalten.

Tab. A.2:   Chromatographiebedingungen des Micro-Gaschromatographen für die Analyse der Reformatbegleitgase

Micro-Gaschromatograph	Kanal 1	Kanal 2	Kanal 3	Kanal 4
Säulentemperatur in °C:	80 °C	100 °C	80 °C	50 °C
Injektortemperatur:	50 °C	50 °C	50 °C	45 °C
Injektionszeit in ms:	60 ms	60 ms	100 ms	25 ms
Rückspülzeit in s:	6 s	35 s	-	8 s
Säulendruck:	150 kPa	170 kPa	100 kPa	150 kPa
Säulendruckverlauf:	konstant	konstant	konstant	konstant
Analysedauer:	300 s	300 s	300 s	300 s

A.5 Verwendete Gase

Tab. A.3: Verwendete Gase

Gas	Reinheit in Vol. % bei Normbedingungen (Herstellerangaben)	Hersteller	Verwendung
H_2	> 99,999	Air Liquide	Modellgaskomponente Trägergas GC-Säule Brenngas GC-Detektoren
CO	> 99,0	Air Liquide	Modellgaskomponente
9 Vol.-% CO 9 Vol.-% CO_2 26 Vol.-% H_2 in N_2	> 99,0 > 99,0 > 99,999 > 99,999	Basi	Modellgaskomponente
CO_2	> 99,0	Air Liquide	Modellgaskomponente
N_2	> 99,99 > 99,999	Basi	Inertgas, Spülgas Make-up Gas GC
10 Vol.-% H_2S in H_2	> 99,0 > 99,999	Air Liquide	Katalysatoraktivierung
He	> 99,996	Air Liquide	Trägergas Mico-GC-Säule
20,5 Vol.% O_2 in N_2	> 99,99 > 99,999	Basi	Brenngas GC-Detektoren

B   Schwefelanreicherung im Tank

Über eine Schwefelmassen- und eine Gesamtmassenbilanz kann die Schwefelanreicherung im Tank berechnet werden:

$$\frac{d(x_{S,T} \cdot m_T)}{dt} = -x_{S,T}\,^m\phi_{EV} - x_{S,T}\,^m\phi_E + x_{S,R}\,^m\phi_R,$$
(B.1)

$$\frac{dm_T}{dt} = -\,^m\phi_{EV} - \,^m\phi_E + \,^m\phi_R.$$
(B.2)

Mit dem Startwert für die Brennstoffmasse im Tank $m_T(t = 0) = m_{T,0}$ führt die Integration von B.2 zu:

$$m_T(t) = m_{T,0} - (\,^m\phi_{EV} + \,^m\phi_E - \,^m\phi_R) \cdot t.$$
(B.3)

Aus dem Leistungsverhältnis (Brennstoffstrom der Brennstoffzelle zu Brennstoffstrom der Verbrennung):

$$p = \frac{^m\phi_{FC}}{^m\phi_E}$$
(B.4)

und der Massenbilanz der Verdampfung (B.5):

$$^m\phi_{EV} = \,^m\phi_{FC} + \,^m\phi_R$$
(B.5)

folgt:

$$m_T(t) = m_{T,0} - (1 + p)\,^m\phi_E \cdot t.$$
(B.6)

In (B.1) sind $x_{S,T}$ und $x_{S,R}$ zeitabhängig. Die maximale Schwefelanreicherung in dem Tank wird unter der Annahme erreicht, dass eine vollständige Schwefeltrennung während der Verdampfung möglich ist ($x_{S,FC} = 0$):

$$x_{S,T}\,^m\phi_{EV} = x_{S,R}\,^m\phi_R.$$
(B.7)

Mit (B.7) vereinfacht sich (B.1) zu:

$$x_{S,T}\frac{d(m_T)}{dt} + m_T\frac{d(x_{S,T})}{dt} = -x_{S,T}\,^m\phi_E.$$
(B.8)

Ein Kombinieren der Schwefelmassen- und der Gesamtmassenbilanz:

$$\int_{x_{S,T,0}}^{x_{S,T}} \frac{1}{x_{S,T}}dx_{S,T} = p\,^m\phi_E \int_{m_T(t=0)}^{m_T(t=t)} \frac{1}{m_T}dt$$
(B.9)

führt zu Gleichung B.10, mit der die Schwefelanreicherung im Tank bestimmt werden kann:

$$\frac{x_{S,T}}{x_{S,T,0}} = \left(\frac{m_T}{m_{T,0}}\right)^{-\frac{p}{1+p}}.$$

(B.10)

Die Parameterstudie in Abb. B.40 zeigt, dass bei relativ kleinen Leistungsverhältnissen die Schwefelanreicherung im Tank relativ gering ist. Beispielsweise steigt der Schwefelanteil des im Tank befindlichen Brennstoffs bei einer Tankleerung auf bis zu $M_T/M_{T,0} = 0{,}1$ und bei einem Leistungsverhältnis von $p = 6\ \%$ um 14 % an.

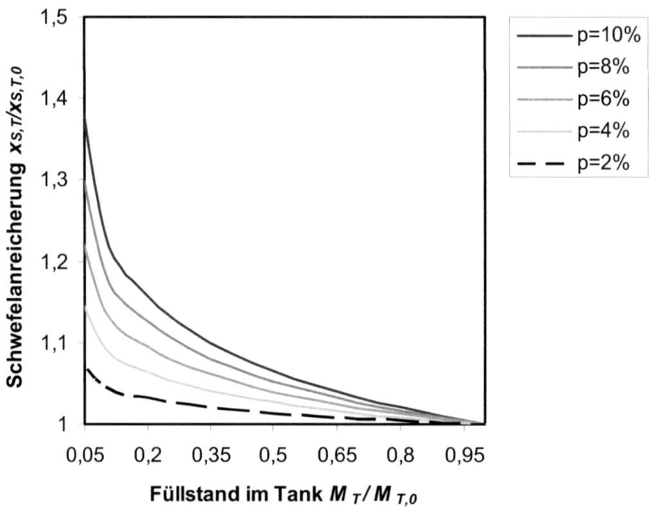

Abb. B.40: Schwefelanreicherung im Tank

C Daten zur Abschätzung der Sorbensmasse eines Brennstoffzellensystems

Die Beladungskapazitäten zur Abschätzung der Sorbensmasse für die Entschwefelung eines mit Heizöl betriebenen Brennstoffzellensystems wurden der Literatur entnommen (siehe Tab. C.1) Da die Betriebsbedingungen nicht einheitlich sind, kann das Ergebnis nur als Abschätzung und ungefährer Vergleich der Sorbensmassen herangezogen werden.

Tab. C.1: Auslegungsdaten der Sorbensmasse für ein BZ-System

Heizölbetriebenes BZ-System	
Elektrische Leistung P_{el} in kW	5
Elektrischer Wirkungsgrad μ_{el}	0,4
Dichte von Heizöl ρ in kg/m³	845
Heizwert Heizöl H_l in MJ/kg	42,6
Massenstrom Heizöl $^m\Phi$ in kg/h	1,07
Standzeit t in h	8000
max. Schwefelanteil am Austritt x_S in ppm	10
Beladungskapazitäten X_S in g/kg	
Sorbens A [78]	2,7
Sorbens B [79]	3,6
Sorbens C [76]	10,6
Sorbens D [202]	15
ZnO [82]	320

D Berechnung der Bodensteinzahl

Im Rahmen dieser Arbeit wurde angenommen, dass der Reaktor zur hydrierenden Entschwefelung als ideales Strömungsrohr mit Pfropfenströmung betrachtet werden kann. Zur Überprüfung dieser Annahme wird üblicherweise die Bodenstein-Zahl herangezogen. Sie gibt das Verhältnis der Stofftransportströme von Konvektion und Dispersion im Reaktor an. Ist die Bodenstein-Zahl größer als 100, kann von einer Pfropfenströmung ausgegangen werden [203]. Die Bodenstein-Zahl ist folgendermaßen definiert:

$$Bo = \frac{u_0 \cdot L}{D_{ax}}$$

(D.1)

mit:

u_0 : Leerrohrgeschwindigkeit,

L : charakteristische Länge (hier: Höhe der Schüttung),

D_{ax} : axialer Dispersionskoeffizient.

Zur Berechnung des axialen Dispersionskoeffizienten in einer Zufallsschüttung empfiehlt der VDI-Wärmeatlas [204]:

$$\frac{D_{ax}}{\delta} = \frac{\delta_{KS}}{\delta} + \frac{Pe_0}{K_{ax}}$$

(D.2)

mit:

δ : Diffusionskoeffizient im Leerraum,

δ_{KS} : Diffusionskoeffizient in der Schüttung,

Pe_0 : molekulare Péclet- Zahl,

K_{ax} : Konstante (≈ 2 nach [204]).

Der erste Summand (δ_{KS} / δ) hängt von der Porosität der Schüttung ab und kann mit folgender Gleichung abgeschätzt werden:

$$\frac{\delta_{KS}}{\delta} = 1 - \sqrt{1 - \varepsilon}$$

(D.3)

mit:

ε : Porosität.

Die Porosität ε wurde mit dem Wert 0,4 abgeschätzt.

Die molekulare Péclet-Zahl errechnet sich zu [204]:

$$Pe_0 = \frac{u_0 \cdot d_P}{\delta} \tag{D.4}$$

mit:

u_0 : Leerrohrgeschwindigkeit,

d_P : Partikeldurchmesser.

Der Diffusionskoeffizient im Leerraum entspricht hier dem binären Diffusionskoeffizienten δ_{12}, der nach *Fuller et al.* mit folgender Gleichung abgeschätzt werden kann [204]:

$$\delta_{12} = \frac{1{,}013 \times 10^{-3} \times T^{1{,}75} \times \left(\dfrac{1}{M_1} + \dfrac{1}{M_2} \right)^{0{,}5}}{p_R \times \left[\left(\sum \upsilon_1 \right)^{\frac{1}{3}} + \left(\sum \upsilon_2 \right)^{\frac{1}{3}} \right]^2} \tag{D.5}$$

mit:

δ_{12} : binärer Diffusionskoeffizient   in m^2/s,

T_R : Reaktortemperatur   in K,

$\widetilde{M}_i$: Molmasse der Spezies i   in g/mol,

p_R : Druck im Reaktor   in Pa,

υ_i : Diffusionsvolumen   .

Das Diffusionsvolumen für Wasserstoff bzw. Dodekan (Modellkomponente für Kerosin) ist die Summe von strukturellen Inkrementen, die einer Tabelle aus dem VDI-Wärmeatlas [204] entnommen wurden.

Der kleinste Volumenstrom und der größte Partikeldurchmesser ergeben die kleinste Bodenstein-Zahl. Deshalb sind in der folgende Tabelle nur die Berechnungen für einen Volumenstrom von 10 L_N/h und einen Partikeldurchmesser von 1 mm zusammengefasst wiedergegeben.

Tab. D.1: Abschätzung der Bodensteinzahl

Schüttungshöhe	cm	40
Reaktortemperatur	° C	260
Reaktordruck	bar	4
Partikeldurchmesser	cm	0,1
Leerohrquerschnitt	cm²	2,84
Volumenstrom	l/h	10,00
Leerrohrgeschwindigkeit	cm/s	0,98
Schüttungsporosität	-	0,40
Molmasse von Wasserstoff	g/mol	2
Molmasse von Kerosin	g/mol	167,31
Viskosität	m²/s	7,25E-07
Diffusionsvolumen für Wasserstoff	cm²/s	7,07
Diffusionsvolumen für Kerosin	cm²/s	243,93
Molekulare Péclet-Zahl		0,61
Konstante		2
Diffusionskoeffizientenverhältnis		0,23
Binärer Diffusionskoeffizient	cm²/s	0,16
Axialer Dispersionskoeffizient	cm²/s	0,08
Bodensteinzahl		461,08

Unter den gewählten Versuchsbedingungen ist die Bodensteinzahl größer als 100. Somit kann der Reaktor als ideales Strömungsrohr (ohne Rückvermischung) betrachtet werden.

E   Stoffmengenbilanz um den Wasserabscheider

Die Gasanalyse wurde downstream des Wasserabscheiders nach dem Entschwefelungsreaktor an der Stelle (4) durchgeführt (vgl. Abb. E.1). Um die Gasanteile
des feuchten Gases an der Stelle (2) zu bestimmen, wurde eine Stoffmengenbilanz
um den Abscheider aufgestellt. Dadurch kann der Wasseranteil im Gas an der Stelle
(2) in Abhängigkeit des Wasseranteils im Feed und dem gemessenen CO_2-
Stoffmengenanteil nach dem Abscheider berechnet werden (vgl. Gl. E.6). Der
Stoffmengenbilanz liegt die Annahme zu Grunde, dass das gemessene CO_2 sich
stöchiometrisch aus CO und H_2O gebildet hat:

$$y_{H2O,1} - y_{H2O,2} = y_{CO2,2} \tag{E.1}$$

$$y_{CO2,2} \; {}^{n}\Phi_2 = y_{CO2,4} \; {}^{n}\Phi_4 \tag{E.2}$$

$$ {}^{n}\Phi_4 = (1 - y_{H2O,2}) \; {}^{n}\Phi_2 \tag{E.3}$$

(E.2) in (E.1):
$$y_{H2O,1} - y_{H2O,2} = y_{CO2,4} \; \frac{{}^{n}\Phi_4}{{}^{n}\Phi_2} \tag{E.4}$$

(E.3) in (E.4):
$$y_{H2O,1} - y_{H2O,2} = y_{CO2,4} \left(1 - y_{H2O,2}\right) \tag{E.5}$$

$$y_{H2O,2} = \frac{y_{H2O,1} - y_{CO2,4}}{1 - y_{CO2,4}} \tag{E.6}$$

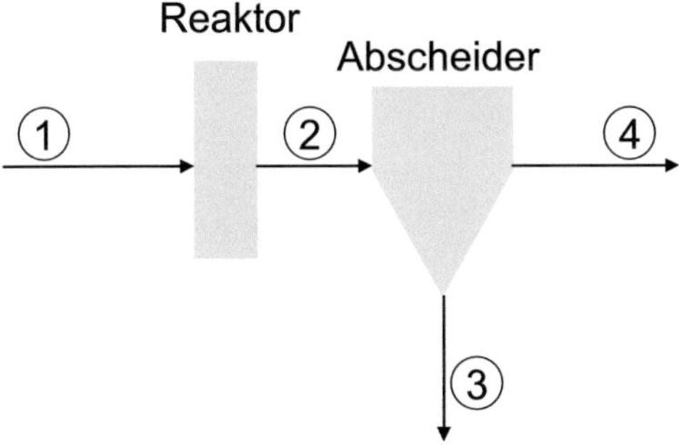

Abb. E.1: Stoffmengenbilanz um den Abscheider

F   Matlabprogramm

Zugrunde des Matlabprogramms (siehe unten) lag ein Ablaufschema zur Ermittlung der Reaktionsparameter über eine Minimierung der Fehlerquadrate (siehe Abb. G.1).

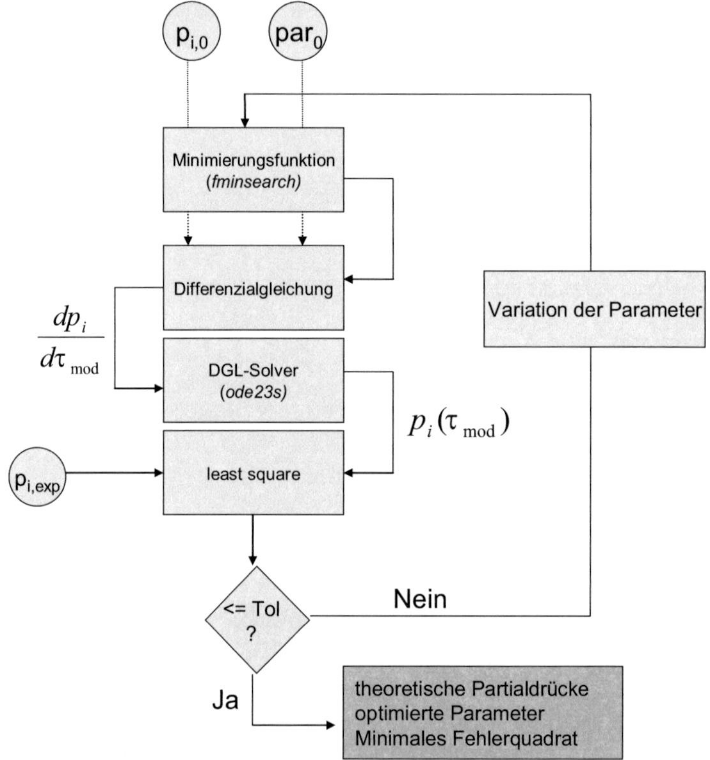

$$\frac{dp_i}{d\tau_{mod}}$$

$$p_i(\tau_{mod})$$

Abb. G.1: Programmablaufschema

Die Minimierung des Ausdrucks für das kleinste Fehlerquadrat der Abweichung der simulierten Werte von den Messwerten geschieht mit Hilfe der in *Matlab* enthaltenen Funktion *fminsearch.* Sie verwendet eine Simplexsuchmethode nach Lagarias et al [205]. Zur Lösung der Differentialgleichungen wird die *Matlab*-Funktion *ode23s* verwendet. Ihr Algorithmus basiert auf einer modifizierten Rosenbrock-Formel zweiter Ordnung [206].

Matlabprogramm

```
function exper(p0,pend,tau,par0)
global t T tau_mod par_opt R par par0 pendi p_i i prohi p_ii
p0i f
t=cputime;
T = 300+273.15; %K
R = 8.314 %J/mol*K
m_CoMo = 0.1177; %in kg
V_kat=0.1669e-3 %in m^3
tau = [ 0 15 24 35 50 ]; %in sec
% tau_mod = tau*(m_CoMo/V_kat)/R/T; %kg*s/m^3
tau_mod = tau*(m_CoMo/V_kat); %kg*s/m^3

p_0 = 4e5  %Pa
pH2_0 = 2.9494e5 %Pa
pOil_0= p_0-pH2_0;

par0=[
    -1.4609
    -1.6821
    -1.8329
     3.6665
    -1.7387
     0.0491
     0.4211
     0.0479
     0.2708

     %WGSR-Adsorptionsparameter
    -0.0106
     0.1112
    -0.1836
    -0.2305
     2.4668
];
fminoptions                                    =
optimset('display','iter','MaxFunEvals',0,'MaxIter',0);

par=[
    par0(1);
    par0(2);
    par0(3);
    par0(4);
    par0(5);
    par0(6);
    par0(7);
    par0(8);
    par0(9);
    par0(10);
    par0(11);
    par0(12);
```

```
    par0(13);
    par0(14);
];
par_opt = fminsearch(@HDS_Leastsquare,par,fminoptions);

if size(pendi,1)==7
    i=1;
    f=3.607;
else
    i=3;
    f=2.125;
end

tau_modi = 0:500:40000;
    pi_jetzt = [p0i(:,1);zeros(3,1)];

    options = [];
    [tau,p_ineu]                                        =
ode23s(@kinetics,tau_modi,pi_jetzt,options,par0);

    p_ineu(:,2:4)=p_ineu(:,2:4)./f; %Umrechnung in ppmw
    pendi(1:3,:)=pendi(1:3,:)./f;
    prohi(1:3,:)=prohi(1:3,:)./f;
figure(1)
plot(tau_mod,pendi(1,:),'or',tau_modi,p_ineu(:,2),'b-
',tau_mod,prohi(1,:),'or');
xlabel('tau{mod} [kg*s/m^3]')
ylabel('Schwefelanteil <=BT [ppmw]');

figure(2)
plot(tau_mod,pendi(2,:),'or',tau_modi,p_ineu(:,3),'b-
',tau_mod,prohi(2,:),'or');
xlabel('tau{mod} [kg*s/m^3]');
ylabel('Schwefelanteil BTs [ppmw]');

figure(3)
plot(tau_mod,pendi(3,:),'or',tau_modi,p_ineu(:,4),'b-
',tau_mod,prohi(3,:),'or');
xlabel('tau{mod} [kg*s/m^3]');
ylabel('Schwefelanteil DBTs [ppmw]');
switch i
    case 1
figure(4)
plot(tau_mod,pendi(4,:),'or',tau_modi,p_ineu(:,5),'b-
',tau_mod,prohi(4,:),'or');
xlabel('tau{mod} [kg*s/m^3]');
ylabel('Partialdruck CO [Pa]');

figure(5)
plot(tau_mod,pendi(5,:),'or',tau_modi,p_ineu(:,6),'b-
',tau_mod,prohi(5,:),'or');
```

```
xlabel('tau{mod} [kg*s/m^3]');
ylabel('Partialdruck H2O [Pa]');

figure(6)
plot(tau_mod,pendi(6,:),'or',tau_modi,p_ineu(:,7),'b-
',tau_mod,prohi(6,:),'or');
xlabel('tau{mod} [kg*s/m^3]');
ylabel('Partialdruck CO2 [Pa]');

figure(7)
plot(tau_mod,pendi(7,:),'or',tau_modi,p_ineu(:,8),'b-
',tau_mod,prohi(7,:),'or');
xlabel('tau{mod} [kg*s/m^3]');
ylabel('Partialdruck H2S [Pa]');

case 3
figure(4)
plot(tau_mod,pendi(4,:),'or',tau_modi,p_ineu(:,5),'b-
',tau_mod,prohi(4,:),'or');
xlabel('tau{mod} [kg*s/m^3]');
ylabel('Partialdruck H2S [Pa]');
end
par_opt
[par_opt(5);par_opt(10);par_opt(11);par_opt(12)]
sec=cputime-t

function LSG = HDS_Leastsquare(par1)

global    tau_mod   p_i p_ineu pi_jetzt pi0 pend p0 proh p0i
prohi pendi p_ii i f
1000

for i = 1:7
        if i == 7
p0 =[
2.9494e5          %pH2
3.3830E+01
2.8086E+02
5.4223E+02
0.0000E+00    %p(H2S)
];

p0=[p0 p0 p0 p0];

pend = [ %bei verschiedenen Verweilzeiten
     1.0243E+00 1.0172E+00 9.3904E-01 8.2296E-01
    2.8630E+01  1.5710E+01 1.1700E+01 9.6758E+00
    9.6782E+01  7.9584E+01 8.0591E+01 1.1982E+02
    7.3048E+02  7.6060E+02 7.6368E+02 7.2660E+02
];
pend=[p0(2:5,1) pend];
```

```
pi0 =[p0 ;zeros(3,4)];
proh =[
     1.0243E+00 1.0172E+00 9.3904E-01 8.2296E-01
     2.8630E+01  1.5710E+01 1.1700E+01 9.6758E+00
     9.6782E+01  7.9584E+01 8.0591E+01 1.1982E+02
     7.3048E+02  7.6060E+02 7.6368E+02 7.2660E+02
];
proh =[p0(2:5,1) proh];

elseif i == 6
    p0 =[
2.9494e5          %pH2
6.2237E+01
2.8564E+02
1.7671E+02
0.0000E+00          %p(H2S)
];

p0=[p0 p0 p0 p0];
pend = [
      9.2438E-01 8.6242E-01 8.0103E-01 8.3574E-01
     2.0819E+01  1.3176E+01 9.8086E+00 5.6960E+00
     5.6049E+01  4.2878E+01 5.3447E+01 4.6073E+01
     4.4679E+02  4.6766E+02 4.6052E+02 4.7197E+02
];
pend=[p0(2:5,1) pend];
pi0 =[p0 ;zeros(3,4)];
proh =[
      9.2438E-01 8.6242E-01 8.0103E-01 8.3574E-01
     2.0819E+01  1.3176E+01 9.8086E+00 5.6960E+00
     5.6049E+01  4.2878E+01 5.3447E+01 4.6073E+01
     4.4679E+02  4.6766E+02 4.6052E+02 4.7197E+02
];
proh =[p0(2:5,1) proh];
elseif i==5
    p0 =[
2.9494e5          %pH2
1.0002E+02
1.9489E+02
4.9535E+01
0          %p(H2S)
];
p0=[p0 p0 p0 p0];

pend = [
     8.0769E-01 7.8478E-01 6.8860E-01 8.8185E-01
     1.8275E+01  5.4581E+00 2.8916E+00 1.9541E+00
     2.9147E+01  1.9103E+01 1.4406E+01 1.3963E+01
     2.9622E+02  3.1910E+02 3.2646E+02 3.2765E+02
];
pend=[p0(2:5,1) pend];
```

```
pi0 =[p0 ;zeros(3,4)];

proh =[
     8.0769E-01 7.8478E-01 6.8860E-01 8.8185E-01
    1.8275E+01  5.4581E+00 2.8916E+00 1.9541E+00
    2.9147E+01  1.9103E+01 1.4406E+01 1.3963E+01
    2.9622E+02  3.1910E+02 3.2646E+02 3.2765E+02
];
proh =[p0(2:5,1) proh];
elseif i == 4

p0 =[
2.9494e5
1.3852E+02
1.5107E+02
2.7054E+01
0.0000E+00%p(H2S)
];
p0=[p0 p0 p0 p0];
%p0
pend = [
     5.7323E-01 3.6609E-01 9.8820E-01 9.8691E-01
    8.4930E+00  3.9775E+00 9.8831E+00 9.0278E+00
    2.1374E+01  1.7826E+01 2.3666E+01 1.1580E+01
    1.9384E+02  2.9447E+02 2.8210E+02 2.9505E+02
];
pend=[p0(2:5,1) pend];
pi0 =[p0 ;zeros(3,4)];

proh =[
     5.7323E-01 3.6609E-01 9.8820E-01 9.8691E-01
    8.4930E+00  3.9775E+00 9.8831E+00 9.0278E+00
    1.1374E+02  1.7826E+01 2.3666E+01 1.1580E+01
    1.9384E+02  2.9447E+02 2.8210E+02 2.9505E+02
];
proh =[p0(2:5,1) proh];
elseif i==3
    p0 =[
2.9494e5          %pH2
1.4349E+02
1.3353E+02
3.7500E+01
0.0000E+00    %p(H2S)

];

p0=[p0 p0 p0 p0];
pend = [
     7.0312E-01 7.0183E-01 3.5858E-01 3.4038E-01
    1.0671E+01  6.3126E+00 4.0337E+00 1.7563E+00
    1.8414E+01  9.3486E+00 1.9347E+01 1.3989E+01
```

```matlab
    2.8473E+02  2.9816E+022.9078E+022.9844E+02
];
pend=[p0(2:5,1) pend];
pi0 =[p0 ;zeros(3,4)];

proh =[
     7.0312E-017.0183E-013.5858E-013.4038E-01
    1.0671E+01  6.3126E+004.0337E+001.7563E+00
    1.8414E+01  9.3486E+001.9347E+011.3989E+01
    2.8473E+02  2.9816E+022.9078E+022.9844E+02
];
proh =[p0(2:5,1) proh];


    elseif i == 1
p0 =[
2.9500E+05   %H2
1.6978E+02
3.3083E+02
8.4086E+01%DBTs
9.8235E+04   %CO
1.9647E+05   %H2O
0            %CO2
0            %H2S
];
p0=[p0 p0 p0 p0  ];
pend = [
    8.0029E+00  6.5361E+004.5057E+002.2200E+00
    1.2541E+02  1.2105E+021.0997E+027.7941E+01
    6.6199E+01  6.3436E+013.6936E+015.7376E+01    %DBTs
    6.7013E+04  5.7028E+045.4190E+043.3416E+04    %CO
    1.6280E+05  1.5641E+051.5303E+051.3772E+05    %H2O
    3.3755E+04  4.0135E+044.3540E+045.8840E+04    %CO2
    3.8509E+02  3.9367E+024.3329E+024.4716E+02    %H2S
];
pend=[p0(2:8,1) pend];
pi0 =[p0 ;zeros(3,4)];

proh =[
    8.0029E+00  6.5361E+004.5057E+002.2200E+00    %<=BT
    1.2541E+02  1.2105E+021.0997E+027.7941E+01    %BTs
    6.6199E+01  6.3436E+013.6936E+015.7376E+01    %DBTs
    6.7013E+04  5.7028E+045.4190E+043.3416E+04    %CO
    1.6280E+05  1.5641E+051.5303E+051.3772E+05    %H2O
    3.3755E+04  4.0135E+044.3540E+045.8840E+04    %CO2
    3.8509E+02  3.9367E+024.3329E+024.4716E+02    %H2S
 ];
proh =[p0(2:8,1) proh];

elseif i == 2
p0 =[
```

```
2.9500E+05    %H2
1.0565E+02
4.8487E+02
2.9996E+02
9.8226E+04
1.9645E+05
   0               %CO2
0                 %H2S
];

p0=[p0 p0 p0 p0  ];
pend = [
3.9719E+00 3.0841E+00 2.0312E+00 1.9530E+00
1.7667E+02 1.0827E+02 9.0900E+01 5.4989E+01
1.1550E+02 1.1257E+02 1.3516E+02 4.4896E+01
6.5568E+04 5.7370E+04 5.7013E+04 3.4368E+04
1.6324E+05 1.5618E+05 1.5077E+05 1.3604E+05
3.3317E+04 4.0376E+04 4.5808E+04 6.0516E+04
5.9433E+02 6.6654E+02 6.6239E+02 7.8864E+02
];
pend=[p0(2:8,1) pend];
pi0 =[p0 ;zeros(3,4)];

proh =[
 3.9719E+00     3.0841E+00 2.0312E+00 1.9530E+00
1.7667E+02 1.0827E+02 9.0900E+01 5.4989E+01
1.1550E+02 1.1257E+02 1.3516E+02 4.4896E+01
6.5568E+04 5.7370E+04 5.7013E+04 3.4368E+04
1.6324E+05 1.5618E+05 1.5077E+05 1.3604E+05
3.3317E+04 4.0376E+04 4.5808E+04 6.0516E+04
5.9433E+02 6.6654E+02 6.6239E+02 7.8864E+02
];
proh =[p0(2:8,1) proh];

        end
switch i
    case {1,2}
        m=5;

    otherwise
        m=3;

end

        pi_jetzt = (pi0(:,1));
     options = [];
    [tau,p_ineu]                                        =
ode23s(@kinetics,[tau_mod(:,1),tau_mod(:,2),tau_mod(:,3),tau_mo
d(:,4),tau_mod(:,end)],pi_jetzt,options,[ par1]);

p_i=(p_ineu(1:end,:)');
```

```
X_exp=abs(p0(2:(m+1),:)-pend(1:m,2:end))./p0(2:(m+1),:);
X_sim=abs(p0(2:(m+1),:)-p_i(2:(m+1),2:end))./p0(2:(m+1),:);

LS = sum(sum(((X_sim-X_exp).^2)./((1-X_exp).^2))');
A(i) = LS;

if i==1 % Auswahl des Datensatzes zur Übergabe an den
Ausgabeteil

    pendi=pend;
    prohi=proh;
    p_ii=p_i;
    p0i=p0;

end

end

LSG = sum(A);

function dpi_dtau_mod = kinetics(tau,p,par2)

global par0 R T i hem2
switch i
    case {1,2}

k1=10^(par0(1));
k2=10^(par0(2));
k3=10^(par0(3));
k4=10^(par0(4));
k5=10^(par2(5));

H2     = 1;
BT     = 2;
BTs    = 3;
DBTs   = 4;
CO     = 5;
H2O    = 6;
CO2    = 7;
H2S    = 8;
KW     = 11;

K(1)=(par0(6));
K(2)=(par0(7));
K(3)=(par0(8));
K(4)=(par0(9));
K(5)=(par0(10));
K(6)=(par0(11));
K(7)=(par0(12));
K(11)=(par0(13));
```

```
K(8)=(par0(14));

if p(H2) < 0
    p(H2) = 0;
end
if p(BT) < 0
    p(BT) = 0;
end
if p(BTs) < 0
    p(BTs) = 0;
end
if p(DBTs) < 0
    p(DBTs) = 0;
end
if p(CO) < 0
    p(CO) = 0;
end
if p(CO2) < 0
    p(CO2) = 0;
end
if p(H2O) < 0
    p(H2O) = 0;
end

hem2=(1+10^K(H2)*p(H2)+10^K(H2O)*p(H2O)+10^K(CO2)*p(CO2)+10^K(C
O)*p(CO)+p(H2S)*10^K(H2S)+10^K(BT)*p(BT)+10^K(BTs)*p(BTs)+10^K(
DBTs)*p(DBTs)+10^K(KW)*p(KW))^2;

r1=k1*10^K(H2)*p(H2)*p(BT)*10^K(BT)/hem2;
nu1=[-1;-1;0;0;0;0;0;1;1;0;0];

r2=k2*10^K(H2)*p(H2)*p(BTs)*10^K(BTs)/hem2;
nu2=[-1;0;-1;0;0;0;0;1;0;1;0];

r3=(k3*10^K(H2)*p(H2)*p(DBTs)*10^K(DBTs)-
k4*p(KW)*10^K(KW))/hem2;
nu3=[-1;0;0;-1;0;0;0;1;0;0;1];

r4=k5*10^K(CO)*p(CO)*10^K(H2O)*p(H2O)/hem2;
nu4=[1;0;0;0;-1;-1;1;0;0;0;0];
dpi_dtau_mod=(nu1*r1+nu2*r2+nu3*r3+nu4*r4).*R.*T;

    otherwise

k1=10^(par0(1));
k2=10^(par0(2));
k3=10^(par0(3));
k4=10^(par0(4));

H2     = 1;
BT     = 2;
```

```
BTs    = 3;
DBTs   = 4;
KW     = 8;
H2S    = 5;

K(1)=(par0(6));
K(2)=(par0(7));
K(3)=(par0(8));
K(4)=(par0(9));
K(8)=(par0(13));
K(5)=(par0(14));


if p(H2) < 0
    p(H2) = 0;
end
if p(BT) < 0
    p(BT) = 0;
end
if p(BTs) < 0
    p(BTs) = 0;
end
if p(DBTs) < 0
    p(DBTs) = 0;
end
if p(KW) < 0
    p(KW) = 0;
end

hem2=(1+10^K(H2)*p(H2)+p(H2S)*10^K(H2S)+10^K(BT)*p(BT)+10^K(BTs
)*p(BTs)+10^K(DBTs)*p(DBTs)+10^K(KW)*p(KW))^2;

r1=k1*10^K(H2)*p(H2)*p(BT)*10^K(BT)/hem2;
nu1=[-1;-1;0;0;1;1;0;0];

r2=k2*10^K(H2)*p(H2)*p(BTs)*10^K(BTs)/hem2;
nu2=[-1;0;-1;0;1;0;1;0];

r3=(k3*10^K(H2)*p(H2)*p(DBTs)*10^K(DBTs)-
k4*p(KW)*10^K(KW))/hem2;
nu3=[-1;0;0;-1;1;0;0;1];

 dpi_dtau_mod=(nu1*r1+nu2*r2+nu3*r3).*R.*T;
end
```

G Thermodynamische Daten zur Berechnung der Gleichgewichtskonstante Kp

Thermodynamische Daten in der Gasphase bei p=1,013 bar:

Verbindung	T in K	$\Delta_B H$ in $kJ \cdot mol^{-1}$	S in $J \cdot mol^{-1} \cdot K^{-1}$	Referenz
Benzothiophen	298	-104	214	[140]
(C_8H_6S)	500	-97	233	[140]
	600	-95	236	[140]
	700	-93	238	[140]
Biphenyl	298	-182	332	[141]
($C_{12}H_{10}$)	500	-169	365	[141]
	600	-166	372	[141]
	700	-163	375	[141]
Dibenzothiophen	298	-149	316	[142]
($C_{12}H_8S$)	500	-140	339	[142]
	600	-137	344	[142]
	700	-136	347	[142]
	800	-135	348	[142]
Kohlenstoffdioxid	298	-394	214	[143]
(CO_2)	500	-394	234	[143]
	600	-394	243	[143]
	700	-394	250	[143]
	800	-394	257	[143]
Kohlenstoffmonoxid	298	-111	198	[143]
(CO)	500	-110	213	[143]
	600	-110	218	[143]
	700	-110	223	[143]
	800	-111	227	[143]

n-Butan	298	-126	310	[143]
(C$_4$H$_{10}$)	500	-140	373	[143]
	600	-145	402	[143]
	700	-149	429	[143]
	800	-153	454	[143]
Schwefelwasserstoff	298	-21	206	[143]
(H$_2$S)	500	-28	224	[143]
	600	-30	231	[143]
	700	-33	237	[143]
	800	-35	243	[143]
Styrol	298,15	-147	345	[144, 145]
(C$_8$H$_8$)				
Thiophen	298	-51	279	[207]
(C$_4$H$_4$S)	500	-45	327	[207]
	600	-43	350	[207]
	700	-42	371	[207]
	800	-41	390	[207]
Wasser	298	-242	189	[143]
(H$_2$O)	500	-244	207	[143]
	600	-245	213	[143]
	700	-246	219	[143]
	800	-246	224	[143]
Wasserstoff	298	0	131	[143]
(H$_2$)	500	0	146	[143]
	600	0	151	[143]
	700	0	156	[143]
	800	0	160	[143]